中学入試

新傾向 集中レッスン

算数 ルールの問題

ルールの把握

規則性

場合の数

文英堂

本書の特長

例題 で「新傾向《しんけいこう》問題」の解《と》き方がしっかりわかる！

「例題」では，ルールの把握《はあく》，規則性《きそくせい》，場合の数などの「新傾向問題」の**着眼点《ちゃくがんてん》**や**アプローチの仕方**をていねいに解説《かいせつ》しています。

代表的な出題パターンの「例題」を掲載《けいさい》しています

新傾向問題の考え方，思考過程《かてい》を確認《かくにん》できます

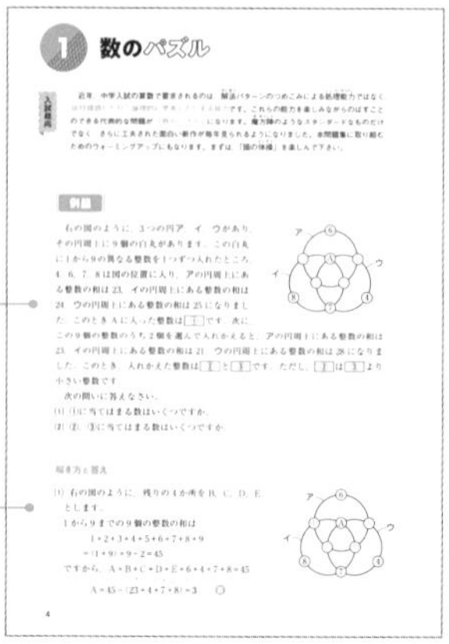

練習問題 で解き方が身につく！

「例題」の解き方にしたがって問題を解いていくことで，「新傾向問題」の解き方がしっかりと身につきます。

「例題」よりやや高度な新傾向問題を扱《あつか》っています

別冊《べっさつ》の解答集では，「例題」の解き方と同じようなくわしい解き方を載《の》せています

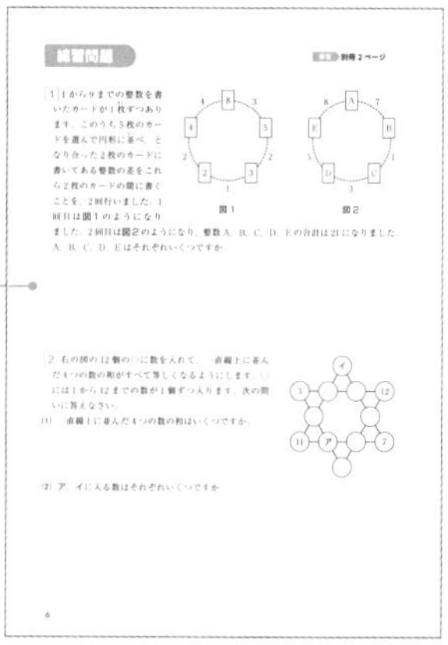

入試問題にチャレンジ で実戦練習ができる！

実際《じっさい》の**入試問題**で「新傾向問題」にチャレンジします。「例題」と「練習問題」で学んだことをいかして取り組みましょう。

ここまでくれば，入試レベルの問題も自分の力で考えることができるようになっています

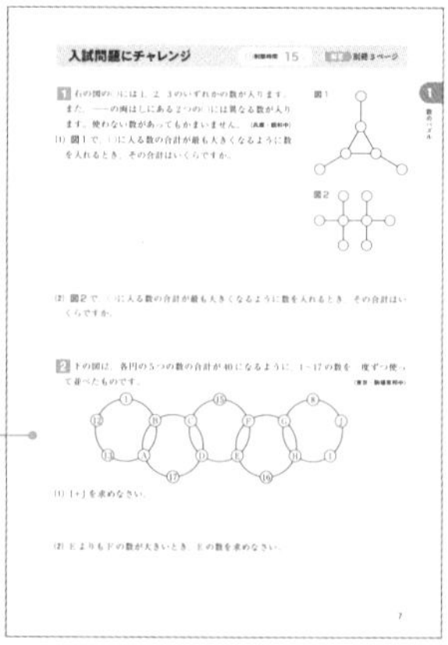

もくじ

1 数のパズル

入試傾向

近年，中学入試の算数で要求されるのは，解法《かいほう》パターンのつめこみによる処理能力《しょりのうりょく》ではなく，試行錯誤《さくご》したり，論理的《ろんりてき》に思考したりする能力です。これらの能力を楽しみながらのばすことのできる代表的な問題が「数のパズル」になります。魔方陣《まほうじん》のようなスタンダードなものだけでなく，さらに工夫された面白い新作が毎年見られるようになりました。本問題集に取り組むためのウォーミングアップにもなります。まずは，「頭の体操《たいそう》」を楽しんで下さい。

例題

右の図のように，3つの円ア，イ，ウがあり，その円周上に9個《こ》の白丸があります。この白丸に1から9の異《こと》なる整数を1つずつ入れたところ，4，6，7，8は図の位置に入り，アの円周上にある整数の和は23，イの円周上にある整数の和は24，ウの円周上にある整数の和は25になりました。このときAに入った整数は ① です。次に，この9個の整数のうち2個を選んで入れかえると，アの円周上にある整数の和は23，イの円周上にある整数の和は21，ウの円周上にある整数の和は28になりました。このとき，入れかえた整数は ② と ③ です。ただし，② は ③ より小さい整数です。

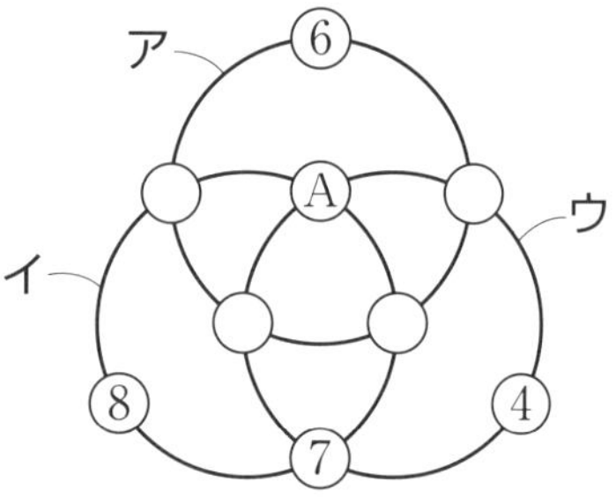

次の問いに答えなさい。

(1) ①に当てはまる数はいくつですか。

(2) ②，③に当てはまる数はいくつですか。

解き方と答え

(1) 右の図のように，残りの4か所をB，C，D，Eとします。

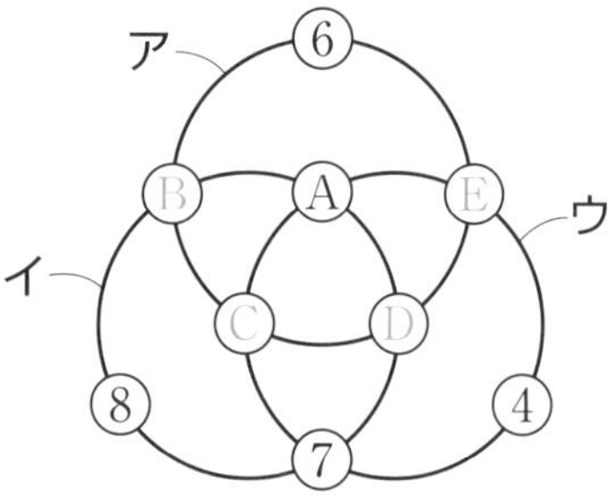

1から9までの9個の整数の和は

$1+2+3+4+5+6+7+8+9$

$=(1+9)\times 9\div 2=45$

ですから，$A+\underbrace{B+C+D+E+6}+4+7+8=45$

↑この和は23

$A=45-(23+4+7+8)=3$ …答

(2) B，C，D，E に入る数は，それぞれ残りの 4 個の整数 1，2，5，9 のいずれかになります。

・**イ**の円周上にある B と D に入る数の和は

24 − (3 + 7 + 8) = 6

よって，**BとDに入る数の組み合わせ(B，D)は(1，5)または(5，1)となります**。

・**ウ**の円周上にある C と E に入る数の和は

25 − (3 + 7 + 4) = 11

よって，**CとEに入る数の組み合わせ(C，E)は(2，9)または(9，2)となります**。

ここで，問題文の条件《じょうけん》を整理します。

> 1 から 9 までの 9 個の整数のうち，2 個を選んで入れかえると
> ⓐ **ア**の円周上にある整数の和は 23 のままで変わらない
> ⓑ **イ**の円周上にある整数の和は(24 − 21 =)3 小さくなる
> ⓒ **ウ**の円周上にある整数の和は(28 − 25 =)3 大きくなる

ⓑとⓒの条件より，入れかえた 2 個の整数は，**イ**の円周上にある 1 個と，それよりも 3 小さい**ウ**の円周上にある 1 個であることがわかります。

さらに，ⓐの条件より，入れかえた 2 個の整数の組み合わせは

(ⅰ)「**イ**のみに入っている数」と「**ウ**のみに入っている数」

(ⅱ)「**ア**と**イ**の両方に入っている数」と「**ア**と**ウ**の両方に入っている数」

の 2 つの場合が考えられます。

(ⅰ)の場合，8 と 4 の入れかえになり，差が(8 − 4 =)4 になりますから，当てはまりません。

(ⅱ)の場合，5 と 2 の組み合わせが当てはまります。

小さい順に答えるので，②は **2**，③は **5** …答

ポイント

① やみくもに数を当てはめていくのではなく，「ここがこうだからこうなる」という論理的な思考にもとづいて解《と》いていこう！

② 数を 1 つずつ見るだけでなく，**数の和を考えることによって答えをしぼっていく**のがコツ！

③ **場合分け**によって，何が当てはまり何が当てはまらないか判断《はんだん》することができる。

練習問題

解答 別冊2ページ

1 1から9までの整数を書いたカードが1枚《まい》ずつあります。このうち5枚のカードを選んで円形に並《なら》べ，となり合った2枚のカードに書いてある整数の差をこれら2枚のカードの間に書くことを，2回行いました。1回目は**図1**のようになりました。2回目は**図2**のようになり，整数A，B，C，D，Eの合計は21になりました。A，B，C，D，Eはそれぞれいくつですか。

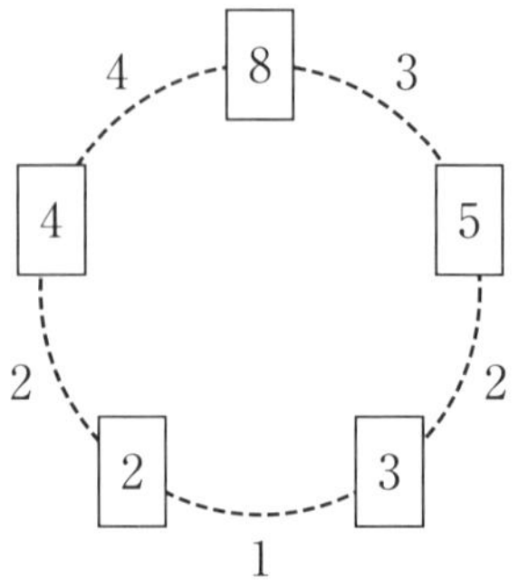

図1

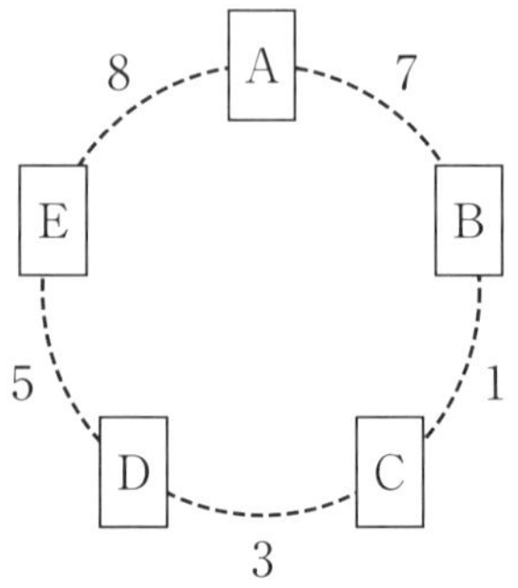

図2

2 右の図の12個《こ》の○に数を入れて，一直線上に並んだ4つの数の和がすべて等しくなるようにします。○には1から12までの数が1個ずつ入ります。次の問いに答えなさい。

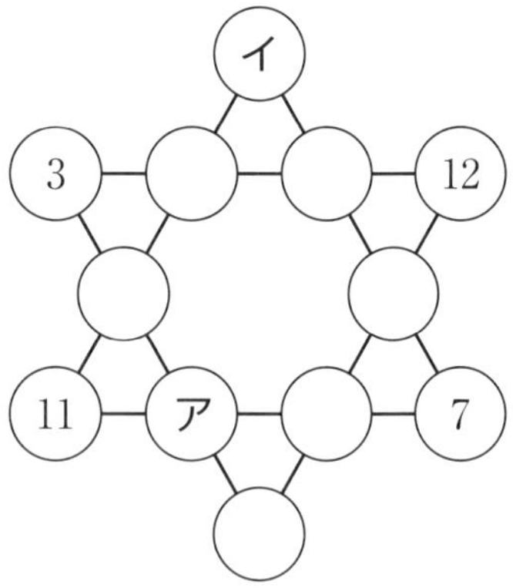

(1) 一直線上に並んだ4つの数の和はいくつですか。

(2) ア，イに入る数はそれぞれいくつですか。

入試問題にチャレンジ

制限時間 15分　解答 別冊3ページ

1 右の図の○には1，2，3のいずれかの数が入ります。また，──の両はしにある2つの○には異《こと》なる数が入ります。使わない数があってもかまいません。（兵庫・親和中）

(1) 図1で，○に入る数の合計が最も大きくなるように数を入れるとき，その合計はいくらですか。

図1

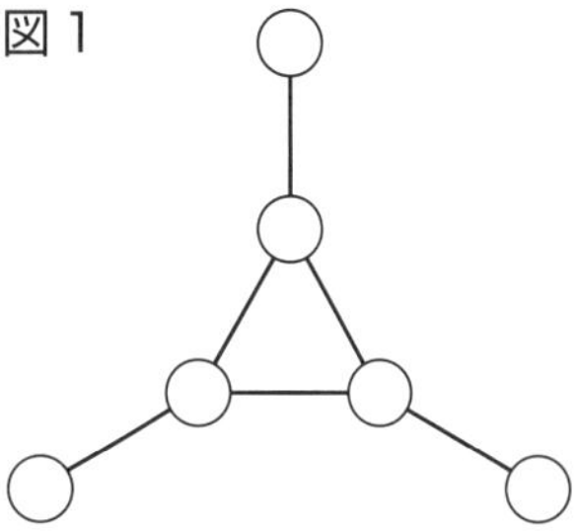

図2

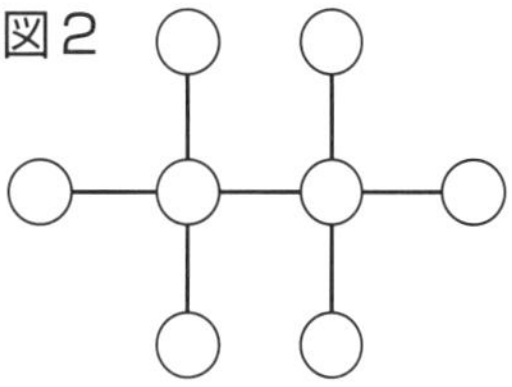

(2) 図2で，○に入る数の合計が最も大きくなるように数を入れるとき，その合計はいくらですか。

2 下の図は，各円の5つの数の合計が40になるように，1～17の数を一度ずつ使って並べたものです。（東京・駒場東邦中）

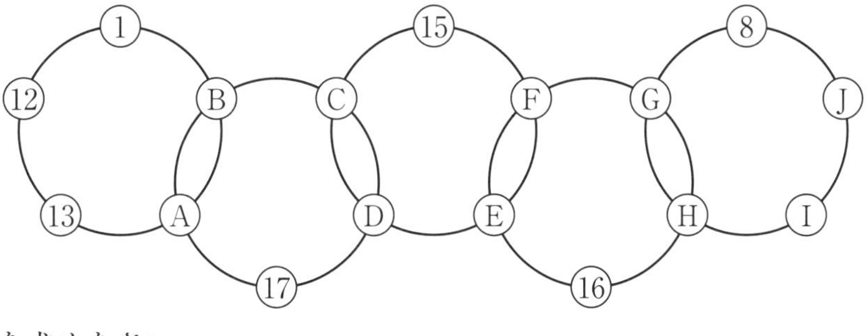

(1) I+J を求めなさい。

(2) E よりも F の数が大きいとき，E の数を求めなさい。

2 数の操作《そうさ》①

入試傾向

問題文から正しくルールを読み取り，そのルールにしたがって計算したり調べたりする問題です。条件《しょうけん》整理力や数の感覚が豊《ゆた》かであるかどうかが問われます。問題文をていねいに読み，自分が行っている操作のひとつひとつが条件に合っているかどうかを常《つね》に確認《かくにん》しながら，ねばり強く取り組みましょう。

例題

図のような画面と(赤)，(青)，(黄)のボタンがついた装置《そうち》があります。画面には1つの数が表示《ひょうじ》されていて，3つのボタンと連動して，次のように表示された数が変わります。

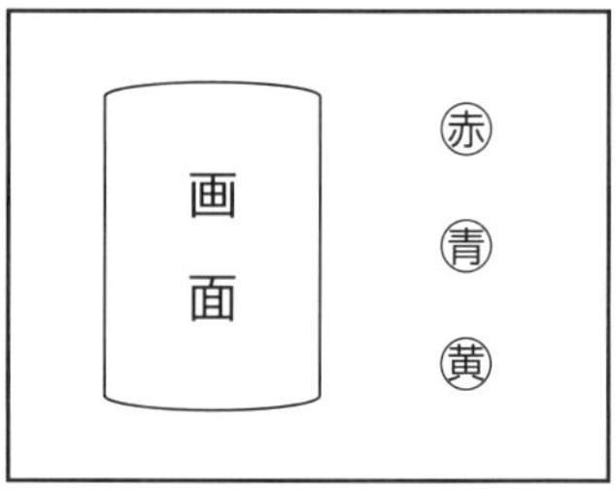

- (赤)のボタンを押《お》すと，表示されていた数は，その数の逆数《ぎゃくすう》に変わる。
- (青)のボタンを押すと，表示されていた数は，その数に1を加えた数に変わる。
- (黄)のボタンを押すと，表示されていた数は，その数に2をかけた数に変わる。

例えば，最初に$\frac{2}{3}$が表示されているとき，(赤)(青)(黄)(赤)とボタンを押すと

$$\frac{2}{3} \xrightarrow{\text{赤}} \frac{3}{2} \xrightarrow{\text{青}} \frac{5}{2} \xrightarrow{\text{黄}} 5 \xrightarrow{\text{赤}} \frac{1}{5}$$

となり，最後には$\frac{1}{5}$が表示されます。このとき，次の問いに答えなさい。ただし，どの色のボタンも1回以上押すことにします。

(1) 最初に$\frac{1}{3}$が表示されているとき，(青)(黄)(赤)(黄)(黄)とボタンを押すと，最後に表示される数は何ですか。整数，真分数，仮分数《かぶんすう》のいずれかの形で答えなさい。

(2) 最初に$\frac{3}{5}$が表示されているとき，㋐(黄)㋑(黄)(赤)とボタンを押すと，最後に表示される数が$\frac{8}{5}$になりました。ア，イに当てはまる色をそれぞれ答えなさい。

解き方と答え

問題文に具体例が示《しめ》されていますから，まずはこれを使って**操作のルールの確認**を行います。

$$\frac{2}{3} \xrightarrow[\text{逆数}]{\text{(赤)}} \frac{3}{2} \xrightarrow[+1]{\text{(青)}} \frac{5}{2} \xrightarrow[\times 2]{\text{(黄)}} 5 \xrightarrow[\text{逆数}]{\text{(赤)}} \frac{1}{5}$$

(1) 操作のルールにしたがって調べていくと次のようになります。

$$\frac{1}{3} \xrightarrow[+1]{\text{(青)}} \frac{4}{3} \xrightarrow[\times 2]{\text{(黄)}} \frac{8}{3} \xrightarrow[\text{逆数}]{\text{(赤)}} \frac{3}{8} \xrightarrow[\times 2]{\text{(黄)}} \frac{3}{4} \xrightarrow[\times 2]{\text{(黄)}} \frac{3}{2}$$

よって，最後に表示される数は $\boldsymbol{\frac{3}{2}}$ …(答)

(2) (1)と同じように→を使って操作による数の変化を表すと次のようになります。

$$\frac{3}{5} \xrightarrow{\text{㋐}} \boxed{A} \xrightarrow[\times 2]{\text{(黄)}} \boxed{B} \xrightarrow{\text{㋑}} \boxed{C} \xrightarrow[\times 2]{\text{(黄)}} \boxed{D} \xrightarrow[\text{逆数}]{\text{(赤)}} \frac{8}{5}$$

まず，Dの逆数が$\frac{8}{5}$より，Dは$\frac{5}{8}$とわかります。

次に，Cに2をかけた数が$\frac{5}{8}$より，Cは$\left(\frac{5}{8}\div 2=\right)\frac{5}{16}$とわかります。

また，㋑のボタンについては(青)になることはありません。なぜなら，1を加えて$\frac{5}{16}$にすることはできないからです。問題文の条件より，どの色のボタンも1回以上押すので，㋐のボタンは(青)とわかります。

よって，Aは$\left(\frac{3}{5}+1=\right)\frac{8}{5}$，Bは$\left(\frac{8}{5}\times 2=\right)\frac{16}{5}$となり，㋑のボタンは(赤)とわかります。

以上より，**アは青，イは赤** …(答)

ポイント

具体例が示されている場合は，自分でも同じ操作をやってみて，その結果が例の通りになるか必ず確認すること！
条件の読み落としは，間違《まちが》いや時間のロスが生じる原因《げんいん》となるので，下線を引くなどして十分に注意をはらおう！

練習問題

解答 別冊４ページ

1 太郎《たろう》くんは，下の図のように，穴《あな》の開いた板に透明《とうめい》な円板の中心を取り付けました。この円板は大きさの等しい８個《こ》の部分に分けられ，1，2，3，4，5，6，7，8と番号が書いてあります。

・この円板を手前から見て時計回りに45°回転させることを作業Ａとよびます。
　例えば，図１の状態《じょうたい》から作業Ａを行うと，円板は図２の状態になります。

・板を裏《うら》返すことを作業Ｂとよびます。
　例えば，図１の状態から作業Ｂを行うと，円板は図３の状態になります。

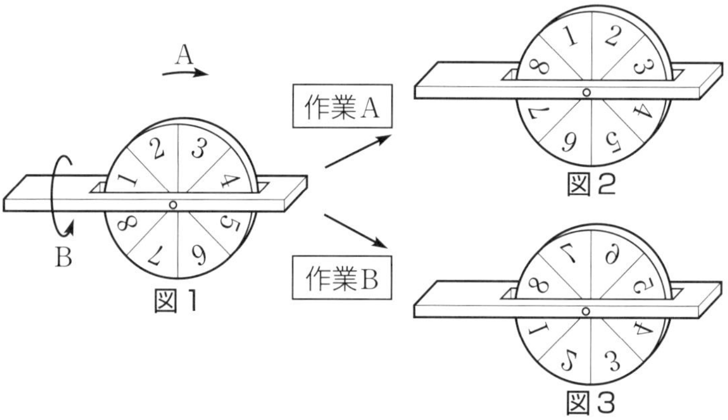

図１　図２　図３

(1) 太郎くんは，図１の状態から「Ａ→Ｂ→Ａ→Ｂ」の順に４回の作業をしました。このとき，右の図のア，イの場所にはどの数字が書かれていますか。

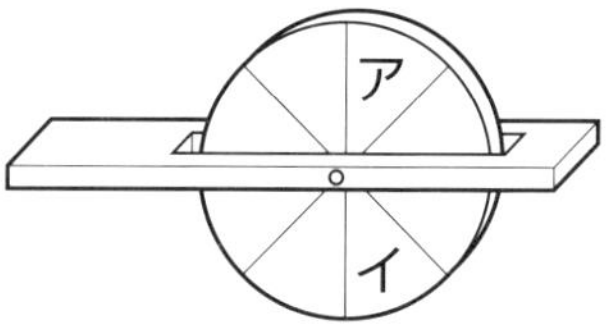

(2) 太郎くんが，図１の状態から４回の作業をしたところ，右の図のように変わりました。その作業の順番を記号で答えなさい。

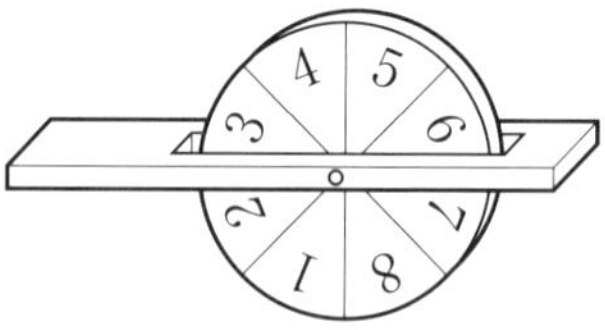

入試問題にチャレンジ

制限時間 15分　解答 別冊 4 ページ

1 右の図のような 2×2 のマスを用意して，それぞれのマスの中に数字を書きます。はじめに，すべてのマスに 0 を記入します。A，B，C，D と書かれたカードが 1 枚《まい》ずつ，合計 4 枚あります。このカードから 1 枚引いてアルファベットを確認《かくにん》し，元にもどすことをくり返します。このとき，引いたカードのアルファベットごとに，以下の操作《そうさ》を行います。

0	0
0	0

最初の状態

A のカードを引くと，上の 2 マスの数に 1 をたし，B のカードを引くと，下の 2 マスの数に 1 をたす。

C のカードを引くと，左の 2 マスの数を 10 倍し，D のカードを引くと，右の 2 マスの数を 10 倍する。

例えば，最初の状態から A → B → C → D →…の順にカードを引くと，マスの数字は

0	0
0	0

→

1	1
0	0

→

1	1
1	1

→

10	1
10	1

→

10	10
10	10

→ … のように変化します。

（福岡・久留米大附設中）

(1) 最初の状態から B → D → A → C の順にカードを引いた結果，マスの数字はどうなりますか。

(2) 最初の状態から 4 回カードを引いた結果，マスの数字が右の図のようになりました。
このとき，カードを引いた順番を，アルファベットで答えなさい。

12	3
0	0

(3) 最初の状態から B → D → A → B → D の順にカードを引いた結果，マスの数字が右の図のようになりました。最初の状態から 5 回カードを引いた結果が右の図のようになる引き方は，この順番の他にもう 1 通り考えられます。その順番を，アルファベットで答えなさい。

1	10
2	110

(4) 最初の状態から 6 回カードを引いた結果，マスの数字が右の図のようになりました。
このとき，カードを引いた順番を，アルファベットで答えなさい。

2	101
2	20

3 数の操《そう》作《さ》②

入試傾向

まず，問題文の指示《しし》にしたがって作業を行います。この作業自体は，そこにある規則性《きそくせい》を発見するためのものです。そして，規則性を見つけたら，あとはそれを利用して計算で求めなさいというのが出題者の意図です。しっかりと手を動かしたあとは，頭をフルに働かせて問題の仕組みを見《み》抜《ぬ》きましょう。

例題

下の図のように，1番目の円周上に順に1，2，3，4の4つの数を並《なら》べます。2番目の円周上には，1番目の円周上のとなり合う数どうしをたした数を，元の2つの数の間に並べます。このように，となり合う数どうしをたして円周上に4つの数を並べるという操作をくり返していくとき，次の問いに答えなさい。

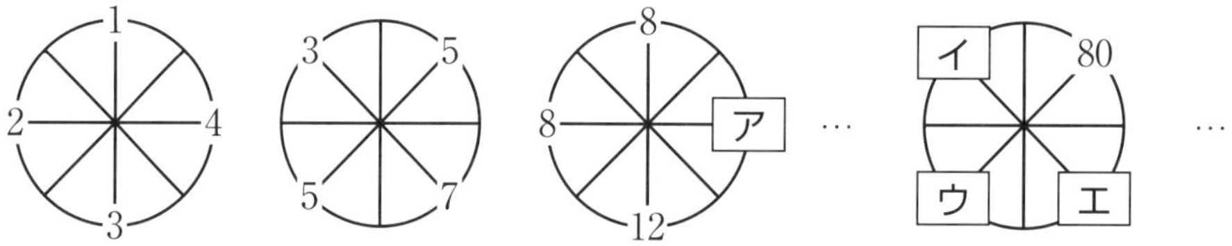

1番目の円　2番目の円　3番目の円　6番目の円

(1) 図の ア ～ エ に入る数を求めなさい。

(2) 8番目の円周上の数の和を求めなさい。

解き方と答え

(1) 右の図のように，2番目の円周上の数に注目すると， ア に当てはまる数は

$5+7=12$ …答

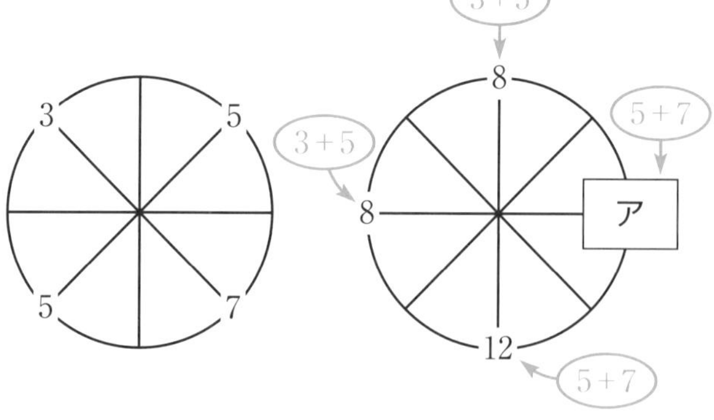

2番目の円　3番目の円

同様にして，4 番目，5 番目，6 番目の円をかいていくと，次のようになります。

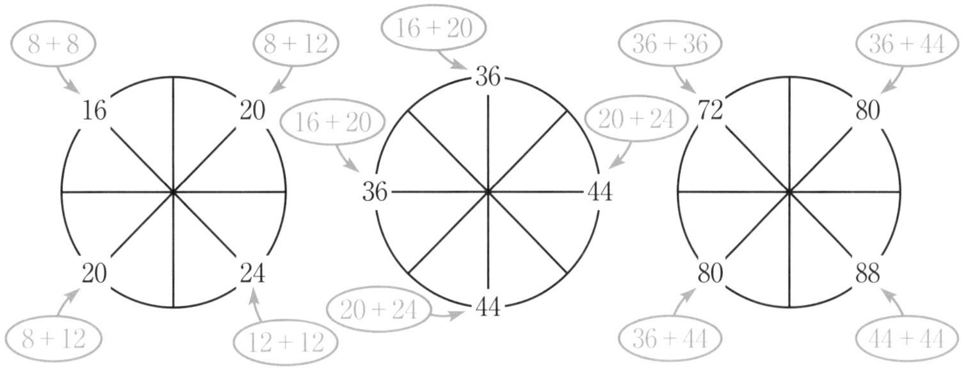

4番目の円　　5番目の円　　6番目の円

よって，[イ]，[ウ]，[エ]に当てはまる数は

イ＝72，ウ＝80，エ＝88 …答

(2) それぞれの円の円周上の数の和を，**1 番目から順に表にまとめて考えます**。

N 番目の円	1	2	3	4	…	8
円周上の数の和	10	20	40	80	…	□

×2　×2　×2　×2

アドバイス

＜和が 2 倍になる理由＞

(N−1) 番目の円の円周上の 4 つの数を a，b，c，d とすると，N 番目の円の円周上の 4 つの数は右の図のようになり，それぞれの数が 2 個に増《ふ》えていることがわかります。つまり，総和《そうわ》が 2 倍になるわけです。

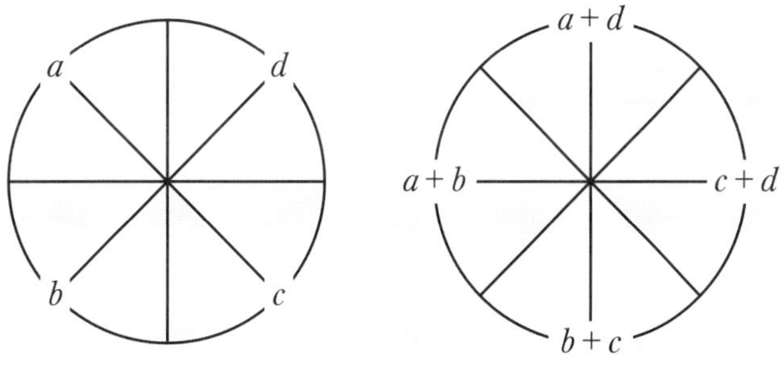

(N−1)番目の円　　N番目の円

N 番目の数の和は，(N−1) 番目の数の和の 2 倍になることがわかります。

よって，8 番目の数の和は

$10\times2\times2\times2\times2\times2\times2\times2=1280$ …答

ポイント

問題文であたえられたルールにしたがって，実際《じっさい》に書き出していこう！
1 番目，2 番目をもとに 3 番目，4 番目，…と数回作業を行い，得《え》られた結果を表にまとめることによって，規則性を発見しよう！

練習問題

解答 別冊５ページ

1 2×2 のマス目の中に 4 つの数字が書かれています。それらの数に次の操作《そうさ》をくり返し行います。

【操作】上下または左右にとなりあった数をたし合わせ，4 つの数をつくります。その 4 つの数字を，新たなマス目の左上から小さい順に時計回りに書き入れます。

例えば，

1	8
3	5

から操作を 2 回行うと

1	8
3	5

→ 操作1回目

4	8
13	9

→ 操作2回目

12	17
22	17

のようになります。このとき，次に問いに答えなさい。

(1)

2	0
7	1

から操作を 3 回行ったときどうなるか，マス目に数字を書き入れなさい。

(2)

2	0
7	1

から操作を何回か行ったところ，

ア	1280
イ	1280

となりました。アとイに当てはまる数字を答えなさい。

(3)

2	0
7	1

から操作を何回か行ったところ，書かれた数の合計が 10240 になりました。

このとき操作は何回行われたか答えなさい。

入試問題にチャレンジ

制限時間 15分 解答 別冊6ページ

1 図1のように，円周上に赤玉，青玉，白玉の3個《こ》を置き，それぞれの玉に1以上の整数を1つずつ書き入れます。
次に以下の操作を行います。
操作：となり合う2個の玉の間すべてに，緑玉を置き，それらの玉にとなり合う2個の玉に書かれた数の和を書く。
例えば，赤玉に1，青玉に2，白玉に3を書き，この操作を1回行うと，**図2**のようになり，6個のすべての玉に書かれた数の和は18になります。
この操作をくり返し続けていきます。次の各問いに答えなさい。

（東京・高輪中）

図1

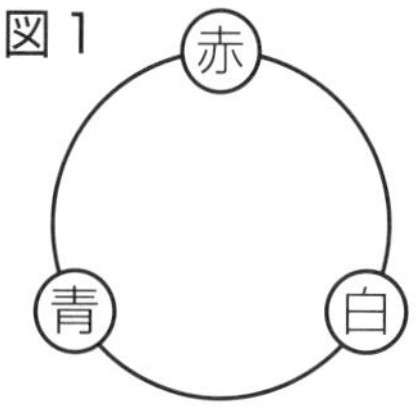

図2

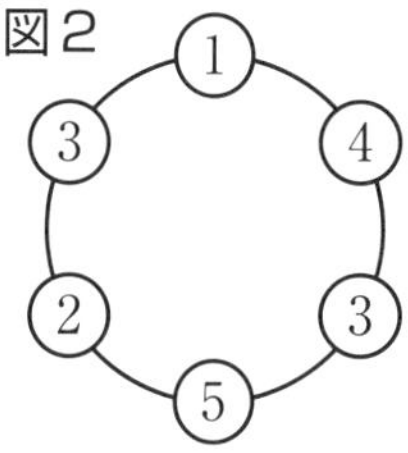

(1) 赤玉に1，青玉に3，白玉に5を書き，この操作を2回行ったとき，12個のすべての玉に書かれた数の和はいくつですか。

(2) 赤玉に1，青玉に3，白玉に5を書き，この操作を3回行ったとき，24個のすべての玉に書かれた数の和はいくつですか。

(3) 赤玉に1，青玉に1を書き，この操作を4回行ったとき，すべての玉に書かれた数の和は1620でした。このとき，白玉に書かれた数はいくつですか。

4 数の操作《そうさ》③

入試傾向

今回あつかうのは，数学の未解決《みかいけつ》問題「コラッツ予想」をもとにして作られた問題です。以前から難関《なんかん》校では頻出《ひんしゅつ》テーマでしたが，近年様々な形に変えて出題する学校がさらに増《ふ》えてきました。ただ手を動かせばよいというだけでなく，「逆《さか》のぼって計算する」ために「逆《ぎゃく》の操作」を正しく行う必要があります。ねばり強く，ひとつひとつていねいに調べていきましょう。

例題

ある整数から，次の〈操作〉をくり返し行い，〈操作〉でできた数を順に並《なら》べて列を作ります。

〈操作〉その整数が偶数《ぐうすう》なら 2 でわり，奇数《きすう》なら 3 倍して 1 をたす

例えば，11 から〈操作〉をくり返し行います。まず，11 は奇数なので，11 を 3 倍して 1 をたして，1 回目の〈操作〉でできた数は 34 となります。

次に，34 は偶数なので，34 を 2 でわって，2 回目の〈操作〉でできた数は 17 となります。

このようにしてできた数を順に並べると，

34，17，52，26，…

という数の列になります。このとき，26 ができるまでに〈操作〉は 4 回行っています。

次の問いに答えなさい。

(1) 13 から〈操作〉をくり返し行います。はじめて 1 ができるのは〈操作〉を何回行ったときですか。

(2) 7 回目の〈操作〉を行ったときにはじめて 1 ができるような数をすべて求め，小さい順に答えなさい。

解き方と答え

(1) **まず，操作のルールを把握《はあく》するために，問題文で例としてあたえられている「34，17」の続きが「52，26」となることを確認《かくにん》します。**

17 は奇数だから，$17 \times 3 + 1 = 52$　　52 は偶数だから，$52 \div 2 = 26$

同じようにして，13 からこの操作をくり返していきます。

13 は奇数だから，$13\times3+1=40$　　40 は偶数だから，$40\div2=20$
20 は偶数だから，$20\div2=10$　　10 は偶数だから，$10\div2=5$
5 は奇数だから，$5\times3+1=16$　　16 は偶数だから，$16\div2=8$
8 は偶数だから，$8\div2=4$　　4 は偶数だから，$4\div2=2$
2 は偶数だから，$2\div2=1$

以上をまとめると次のようになります。

　①　②　③　④　⑤　⑥　⑦　⑧　⑨
13 → 40 → 20 → 10 → 5 → 16 → 8 → 4 → 2 → 1

操作の回数は矢印の個数《こすう》と等しくなりますから，**9 回**　…答

(2) 最後の 1 から順に操作をもどしていく樹形図《じゅけいず》をかいて調べます。
樹形図をかく前に**「逆の操作」を確認**しておきましょう。

2 でわる→**2 をかける**　　3 倍して 1 をたす→**1 をひいて 3 でわる**

1 と 4 以外の「3 でわって 1 あまる数」の前の数は 2 通りになることに注意して樹形図をかくと，次のようになります。

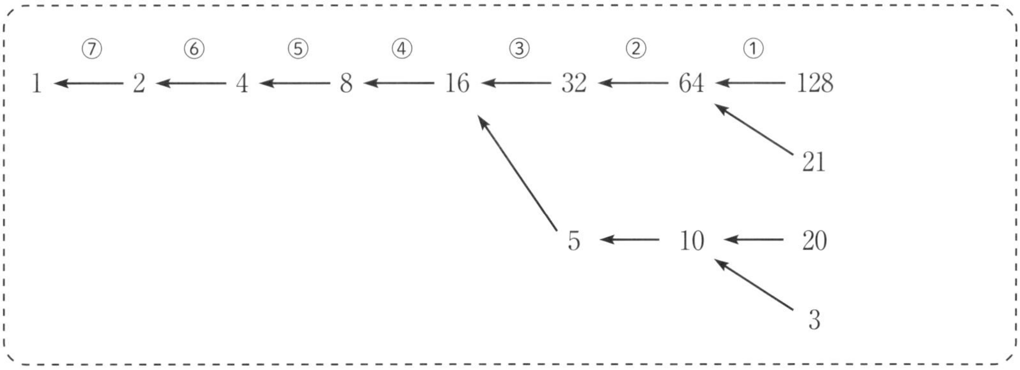

よって，7 回目の操作ではじめて 1 ができるような数は 4 通りあり，小さい順に並べると，**3，20，21，128**　…答

ポイント
問題文にある例についても，自分で実際《じっさい》に操作してみて，その結果が例の通りになるか確認しよう！
「逆にたどっていく問題」は，「逆の操作」をとらえて樹形図に整理するのがコツ！

練習問題

解答 別冊 6 ページ

1 2 以上の整数に次のような計算をします。

(ア) その数が 3 でわり切れるときは 3 でわる

(イ) その数が 3 でわり切れないときは 1 を加える

上の計算で得《え》られた数が 1 になるまで，この計算をくり返します。

例えば，元の数が 12 のとき

$12 \rightarrow 4 \rightarrow 5 \rightarrow 6 \rightarrow 2 \rightarrow 3 \rightarrow 1$

のように，6 回目の計算で 1 になります。

このような計算をするとき，次の問いに答えなさい。

(1) 元の数が 19 のとき，何回目の計算で 1 になりますか。

(2) 4 回目の計算で 1 になるような元の数をすべて求めなさい。

(3) 元の数は 99 以下とします。1 になるまでの計算の回数が最も多くなるような元の数はいくつですか。また，計算の回数は何回ですか。

入試問題にチャレンジ

制限時間 15分　解答 別冊7ページ

1 1より大きい整数 n に対して，次のⒶまたはⒷの操作《そうさ》を行います。

Ⓐ　n が奇数《きすう》ならば，1をひいて2でわる。

Ⓑ　n が偶数《ぐうすう》ならば，2でわる。

ⒶまたはⒷの結果が1より大きければ，ⒶまたはⒷの操作をくり返し，ⒶまたはⒷの結果が1になれば操作を終了《しゅうりょう》します。終了するまでに操作Ⓐを a 回，操作Ⓑを b 回行ったとします。例えば，$n=10$ のとき，$10 \xrightarrow{\text{Ⓑ}} 5 \xrightarrow{\text{Ⓐ}} 2 \xrightarrow{\text{Ⓑ}} 1$（終了）なので，$a=1$, $b=2$ となります。□に入る数を答えなさい。　（大阪星光学院中）

(1) $n=56$ のとき，$a=$□, $b=$□です。

(2) $a=3$, $b=3$ となる最大の整数は□で，最小の整数は□です。

(3) n は200より小さいとします。考えられる a の値《あたい》として最も大きい数は $a=$□で，このときの n で最も大きい数は $n=$□です。

5 数の推理《すいり》

入試傾向

近年では，会話文形式での出題が増《ふ》えてきました。その中でも，相手の発言内容《ないよう》をもとに推理する問題は，**論理的《ろんりてき》思考力を養成**するのに，非常《ひじょう》に優《すぐ》れた題材となります。このような問題に楽しみながらじっくりと取り組むことは，**長文の読解力《どっかいりょく》向上**という点において大変有効《ゆうこう》であり，最新の入試傾向対策《けいこうたいさく》として重要な学習となります。

例題

小学生のＡ君がＢ君とＣ君の２人に問題を出しています。「　」は声に出して話している言葉で，（　）は声に出さないで考えている内容です。なお，Ｂ君とＣ君は，かんちがいや考えちがいはしていないものとします。

Ａ「ぼくにはお兄ちゃんと弟がいて，３人の年れいをかけ算すると480になります。ぼくたち３人の年れいを当てて下さい。」

Ｂ（ぼくは３人とも年れいを知らないけど，Ａ君は小学生なんだから６才から12才の間だ。すると，Ａ君の年れいは［あ］のどれかだな。しかし，Ｃ君はＡ君の年れいを知っているから，ぼくの方が不利だぞ。）

Ｃ（ぼくはＡ君の年れいを知っているけど，お兄さんと弟の年れいは知らないなあ。でもＢ君は３人とも年れいを知らないから，ぼくの方が有利だぞ。）

Ａ「１つヒントを出しましょう。ぼくの年れいは弟よりお兄ちゃんの年れいに近いよ。」

Ｂ（ということは３人の年れいは［い］のどれかだな。）

Ｃ「うーん，これだけでは決められないなあ。もう１つだけヒントをちょうだい。」

Ａ「それじゃ，最後のヒント。３人の年れいはすべて偶数《ぐうすう》です。」

Ｂ「わかった！お兄さんが［う］才，Ａ君が［え］才，弟が［お］才だ。これ以外にありえない！」

Ａ「はい，Ｂ君正解です。」

(1) ［あ］に入れられるすべての数を答えなさい。ただし，単位の「才」は書かなくてよい。

(2) ［い］に入れられる，お兄さん，Ａ君，弟の年れいの組み合わせは３通り考えられます。３通りの組み合わせをすべて答えなさい。

(3) ［う］，［え］，［お］に入る数を答えなさい。

解き方と答え

(1) **480 を 2 つの整数の積の形にして書き出す**と

480＝1×480，2×240，3×160，4×120，5×96，6×80，
8×60，10×48，12×40，15×32，16×30，20×24

A 君の年れいは，このうち 6 以上 12 以下の整数になりますから あ に入れられるすべての数は　6，8，10，12　…答

(2) **(1)で求めた A 君の年れいで考えられる 4 通りの場合について調べていきます**。どの場合も，兄と弟の年れいの積がわかり，加えて A 君の 2 回目の発言の中にある「ぼく(A 君)の年れいは弟よりお兄ちゃんの年れいに近いよ」…★
という条件《じょうけん》から，兄と弟の年れいをしぼっていきます。

・**A 君が 6 才の場合**，兄と弟の年れいの積は 80 になります。
80 を 6 より大きい整数と 6 より小さい整数の積で表すと
80×1，40×2，20×4，16×5
この中には，★の条件を満たすものはありません。

・**A 君が 8 才の場合**，兄と弟の年れいの積は 60 になります。
60 を 8 より大きい整数と 8 より小さい整数の積で表すと
60×1，30×2，20×3，15×4，12×5，10×6
この中にも，★の条件を満たすものはありません。

・**A 君が 10 才の場合**，兄と弟の年れいの積は 48 になります。
48 を 10 より大きい整数と 10 より小さい整数の積で表すと
48×1，24×2，16×3，12×4
このうち，★の条件を満たすものは，16×3 と 12×4 がありますから，(兄，A，弟)の年れいの組み合わせは
(16，10，3)，(12，10，4)
の 2 通りがあります。

・**A 君が 12 才の場合**，兄と弟の年れいの積は 40 になります。
40 を 12 より大きい整数と 12 より小さい整数の積で表すと
40×1，20×2
このうち，★の条件を満たすものは，20×2 がありますから，(兄，A，弟)の年れいの組み合わせは(20，12，2)の 1 通りです。
以上より，い に入れられる組み合わせは
(16，10，3)，(12，10，4)，(20，12，2)　…答

(3) (2)の結果から，A 君は 10 才か 12 才です。

もしも A 君が 12 才であったとすると，★の条件《じょうけん》を聞いた時点で C 君には正解《せいかい》がわかるはずです。つまり，C 君は A 君が 10 才だと知っていても，(16，10，3)，(12，10，4)の組み合わせのうち，どちらになるのかまだわかっていなかったということになります。

このあと，A 君からの最後のヒントである「3 人の年れいはすべて偶数」という発言から(12，10，4)とわかります。

よって，［う］= 12，［え］= 10，［お］= 4 …答

ポイント

① 前提《ぜんてい》となるのは B 君と C 君の 2 人とも正確な推論ができる能力《のうりょく》を持っているということ。それぞれの視点《してん》で考えよう！

② それぞれの発言について，いくつか例を書き出してみるなど，試行錯誤《しこうさくご》しながら，条件に合うものを探《さが》していこう！

③ 当てはまるものをしぼっていくには，「もしも○○ならば…」といった仮定をして，矛盾《むじゅん》の有無について検討《けんとう》していくのがコツ！

練習問題

解答 別冊 8 ページ

1 A君，B君，C君の3人が次のルールで数当てゲームをしていて，D君が横で3人のカードの数字を見ています。

【ルール】① 1～13の数字が書かれたカードがそれぞれ1枚《まい》ずつ合計13枚あり，その中から3人が1枚ずつ取る。

② A君，B君，C君の3人は自分のカードの数字しか見ることができない。

4人が次の順で会話をしたとき，(1)，(2)の問いに答えなさい。

D君「C君のカードの数からB君のカードの数の2倍をひくと，A君のカードの数と等しいよ。それから，A君のカードの数が最小だ。」

A君「………。」

C君「うーん。1通りには決まらないなぁ。」

B君「C君がわからないってことは…。
もう少しでわかりそうだけど，1通りには決まらないよ。」

A君とC君ほぼ同時に「あっ，いまわかった。」

(1) D君が発言した時点で，A君のカードの数として考えられるものは何通りありますか。

(2) A君，B君，C君が持っているカードの数の組合せとして考えられるものをすべて答えなさい。ただし，例えば(A君が5，B君が12，C君が9)のカードを持っている場合，(5，12，9)と書きます。

入試問題にチャレンジ

制限時間 15分　　解答 別冊 8 ページ

1 先生と２人の生徒(Ａさん，Ｂさん)がいます。先生はサイコロを２回投げて出た目を書きとめてから，Ａさんと Ｂさんのいる部屋へ行き，Ａさんには２つの目の積の数だけを，Ｂさんには２つの目の和の数だけを，それぞれカードに書いて渡《わた》しました。そのあとの３人の会話を読んで，次の問いに答えなさい。

先生：これから，サイコロの目がいくつといくつか当ててほしい。
　　　まず，Ａさんはわかりましたか？
Ａ　：①これだけでは，わかりません。
先生：Ｂさんはわかりましたか？
Ｂ　：②積の数を知っているＡさんがわからないとすると…やっぱりわかりません。
先生：よく考えてみましょう。
Ａ　：Ｂさんは和の数を知っているのにわからないということは…なるほどわかりました!!
Ｂ　：何!? わかったの…。あっそうか!! 先生，わかりました。③しかもＡさんのカードに書かれた数の方が，私《わたし》のカードに書かれた数より大きいですよね？
先生：その通りです。答えを書いてみましょう。…２人とも正解《せいかい》です!!

(兵庫・三田学園中)

(1) 下線部①だけから考えると，Ａさんのカードにはどんな数字が書かれてあったのでしょうか。考えられる数字をすべて書きなさい。

(2) 下線部①と下線部②から考えると，Ｂさんのカードにはどんな数字が書かれてあったのでしょうか。考えられる数字をすべて書きなさい。

(3) 下線部①～③までの考え方から，サイコロの目はいくつといくつであったか答えなさい。

6 交点と分割《ぶんかつ》

入試傾向

有名問題で，以前から毎年どこかで出題されていますが，最近では難関《なんかん》校を中心に「ひねりのある応用《おうよう》問題」が見られるようになりました。

この応用タイプに対応するためには，順序《しゅんじょ》正しく学んでおく必要があります。塾《じゅく》のテキストにのっている模範《もはん》解答通りの解《と》き方をいきなり真似《まね》るのではなく，まずは自分の手を動かして，実際《じっさい》にいくつかかいてみて，そこから規則《きそく》を自ら発見する練習をしなければなりません。

例題

次のきまりにしたがって，円の中に何本かの直線を引きます。

ア　どの2本の直線も円の内部で1点で交わる。

イ　3本以上の直線が1点で交わらない。

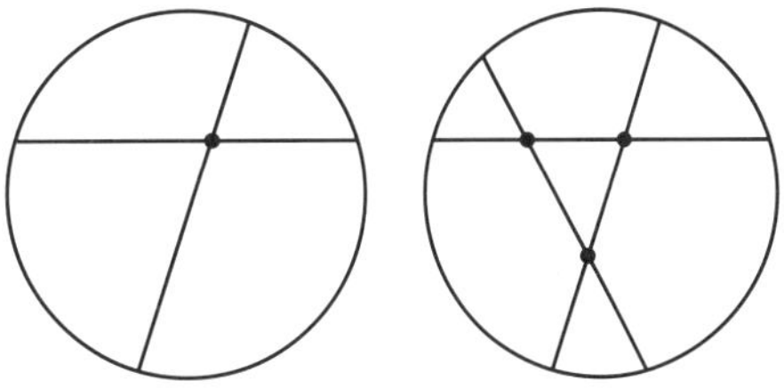

例えば，直線を2本引くと，円の内部に交点は1個《こ》できて，円は4個の部分に分けられます。また，直線を3本引くと，円の内部に交点は3個できて，円は7個の部分に分けられます。

(1) 直線を4本引くと，円の内部に交点は何個できて，円は何個の部分に分けられますか。

(2) 直線を10本引くと，円の内部に交点は何個できて，円は何個の部分に分けられますか。

解き方と答え

(1) **あたえられたルールにしたがって，実際にかいて調べます。**

交点の個数

(直線の本数)　1本　2本　3本　4本

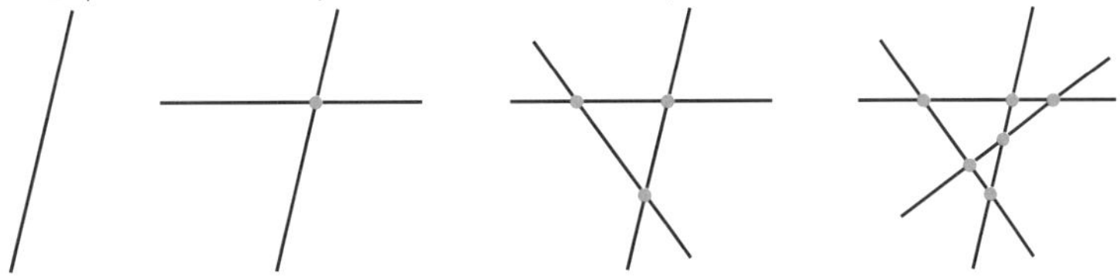

(交点の個数)　0個　1個　3個　6個

よって，直線が4本のとき，交点の個数《こすう》は**6個**。　…答

分けられる部分の個数

（直線の本数）　1本　　2本　　3本　　4本

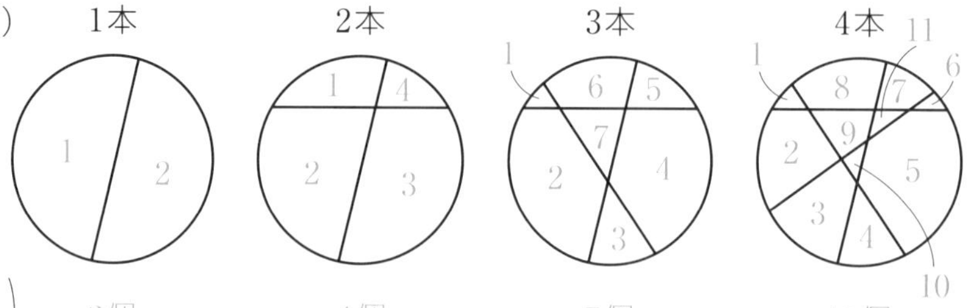

（分けられる部分の個数）　2個　　4個　　7個　　11個

よって，直線が 4 本のとき，分かれる部分の個数は **11 個**。…答

(2) 5 本目以降《いこう》は図にかこうとすると大変です。そこで直線の本数と，交点や分けられる部分の個数の関係について，(1)で**得《え》られた結果を表に整理して，規則性《きそくせい》を見つけます**。

交点の個数

直線の本数	1	2	3	4	…	10
交点の個数	0	1	3	6	…	□

＋1　＋2　＋3

直線の本数が 3 本のとき，交点の個数は，$1+2=3$（個）
直線の本数が 4 本のとき，交点の個数は，$1+2+3=6$（個）
となっています。
よって，直線の本数が 10 本のとき，交点の個数は

$1+2+3+4+5+6+7+8+9=$ **45（個）** …答

アドバイス

次のような理由で，増《ふ》える数が 1 ずつ大きくなっています。

1本　　2本　　3本　　4本

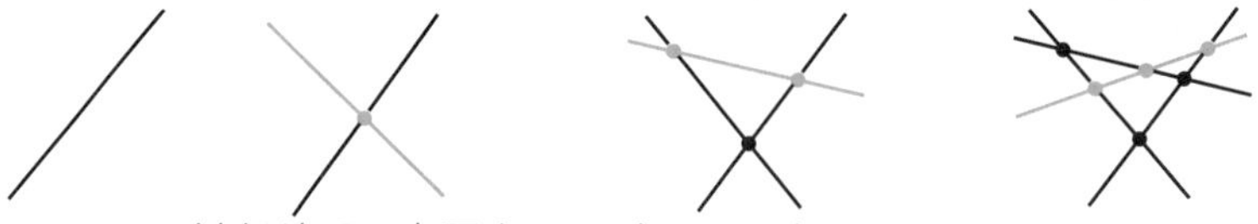

はじめの1本目と交わるので，1個増える。

1本目，2本目と交わるので，2個増える。

1本目，2本目，3本目と交わるので，3個増える。

分けられる部分の個数

直線の本数	1	2	3	4	…	10
分けられる部分の個数	2	4	7	11	…	□

＋2　＋3　＋4

直線の本数が 3 本のとき，分けられる部分の個数は，$2+(2+3)=7$（個）
直線の本数が 4 本のとき，分けられる部分の個数は，$2+(2+3+4)=11$（個）
となっています。
よって，直線の本数が 10 本のとき分けられる部分の個数は

$2+(2+3+4+5+6+7+8+9+10)=$**56（個）** …答

アドバイス

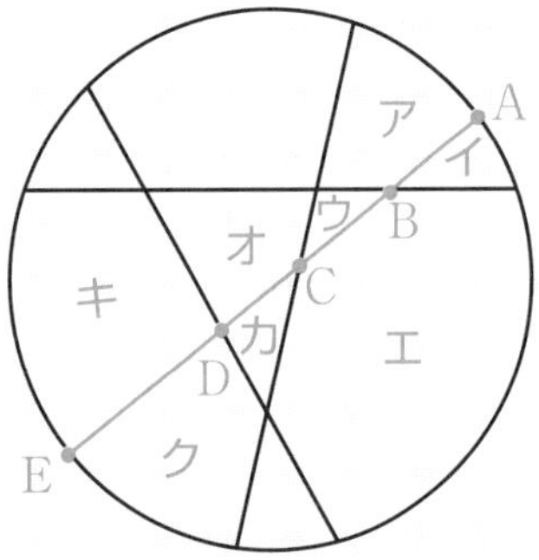

増え方の理由は次のようになります。
例えば，4 本目の直線（右の図の色の線）を引くと，それまでに引かれていた 3 本の直線とそれぞれ 1 回ずつ交わり，色の線は，（3＋1＝）4 つの線 AB，BC，CD，DE に区切られます。すると，それぞれの色の線をふくむ図形が色の線によって 2 個ずつに分かれます（AB でアとイに分割，BC でウとエに分割，CD でオとカに分割，DE でキとクに分割）。
以上より，4 個の部分が増えたことになります。
5 本目以降もこの考え方をくり返し使うことで上の表のような増え方になることがわかります。

ポイント

まずは，手を動かして小さい順にいくつかかいてみよう！
その結果をもとに表にまとめることで規則性が見えてくるはず。
次に，なぜその規則になるのか考察してみよう！

練習問題

解答 別冊９ページ

1 どの２個《こ》の円も必ず交わり，どの３個以上の円も同じ点で交わらないように円をかいていきます。
図１のように円を２個かいたときは，交点は２個できて，平面は①～④の４個の部分に分けられます。
図２のように円を３個かいたときは，交点は６個できて，平面は①～⑧の８個の部分に分けられます。次の問いに答えなさい。

図１

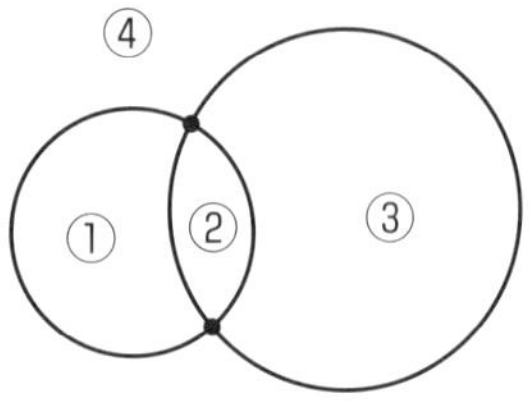

図２

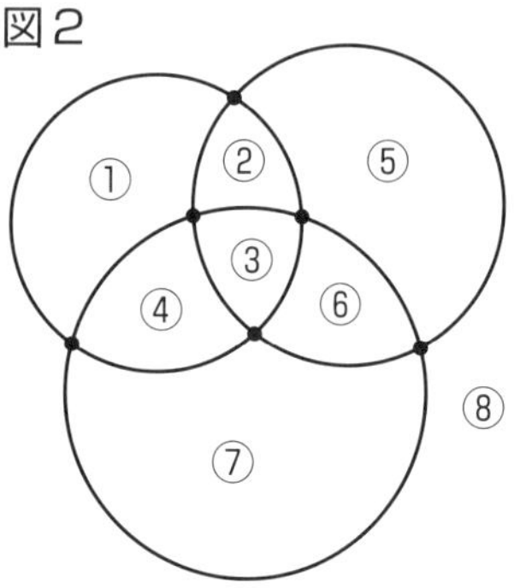

(1) 円を４個かいたとき，交点は何個できて，平面は何個の部分に分けられますか。

(2) 円を10個かいたとき，交点は何個できて，平面は何個の部分に分けられますか。

入試問題にチャレンジ

制限時間 15分　解答 別冊 10 ページ

1 図１のような，上の面が赤くぬられた円柱があります。次のⒶまたはⒷの２つの切り方を何回かくり返し使って，この円柱を切り分けます。

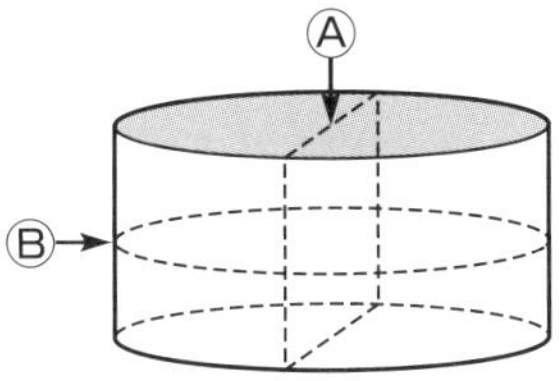

図１

切り方
　Ⓐ　赤い面ができるだけ多くの部分に分けられるように，まっすぐ縦《たて》に切る。
　Ⓑ　まっすぐ横に切る。

例えば切り方Ⓐでは，図２の点線のように切ることはありません。

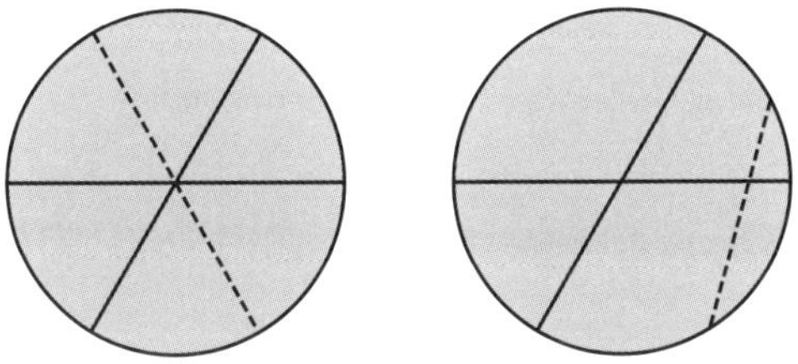
図２

ⒶとⒷのうち，使わない切り方が合っても良いものとします。次の各問いに答えなさい。

（東京・早稲田実業学校中等部）

(1) ３回切ったときに分けられる立体の個数として考えられるものをすべて答えなさい。

(2) 切り方Ⓐのみで５回切ったときに分けられる立体の個数を答えなさい。

(3) ６回切ったときに分けられる立体の個数として考えられるものの中で，最も多い個数を答えなさい。

7 うずまき状《じょう》の図形

入試傾向

図形を次々に並《なら》べていき，規則性《きそくせい》を発見し，構造《こうぞう》を見《み》抜《ぬ》く力を試す問題も増《ふ》えてきました。「緻密《ちみつ》さ」や「ねばり強さ」を試される問題です。

「小さい順に調べていき，規則性を発見し，それを利用して求める」「構造を理解《りかい》して，□などを使って式を作り，逆算《ぎゃくさん》して求める」などの解法を身につけることによって，様々なタイプの問題に対応《たいおう》できるようになります。

例題

1 辺 1cm の正方形を①，1 辺 2cm の正方形を②，1 辺 3cm の正方形を③，…とします。

①，②，③，④を使って右の図１のような図形を作り，それを 1 型《がた》とよびます。1 型の①を⑤に変えた図形を 2 型(図２)，2 型の②を⑥に変えた図形を 3 型(図３)，…とします。

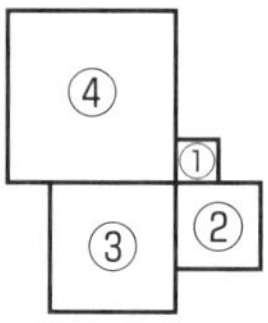

図１

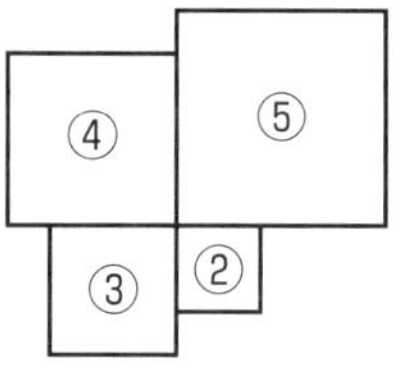

図２

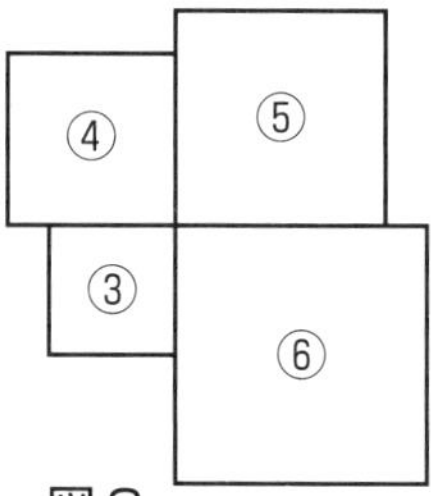

図３

これらの図形について，次の問いに答えなさい。

⑴ ⑤を使った図形は 4 つあります。その 4 つの図形の面積の中で，最大のものを求めなさい。

⑵ 正方形の辺が重なっている部分の長さの合計を考えます。1 型なら，図４の太線の長さの合計ですから，7cm になります。正方形の辺が重なっている部分の長さが 43cm のとき，図形の面積を求めなさい。

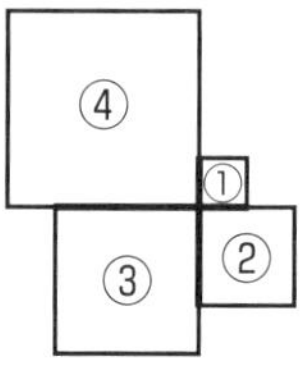

図４

⑶ 図形の周の長さが 122cm のとき，図形の面積を求めなさい。

解き方と答え

⑴ ⑤，⑥，⑦，⑧の正方形の面積の合計になりますから

$5\times5+6\times6+7\times7+8\times8=174\,(cm^2)$ …答

⑵ 正方形の辺が重なっている部分の長さの合計を**小さい順に調べていく**と，次のようになります。

1型→図4より　$1+1+2+3=7$ (cm)
2型→図5より　$2+2+3+4=11$ (cm)
3型→図6より　$3+3+4+5=15$ (cm)
⋮

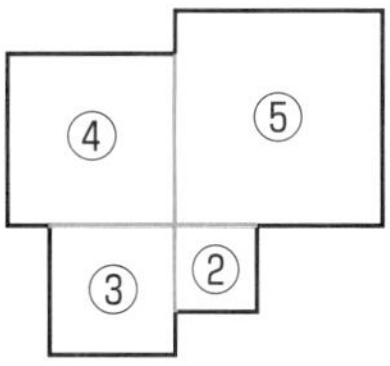

図5

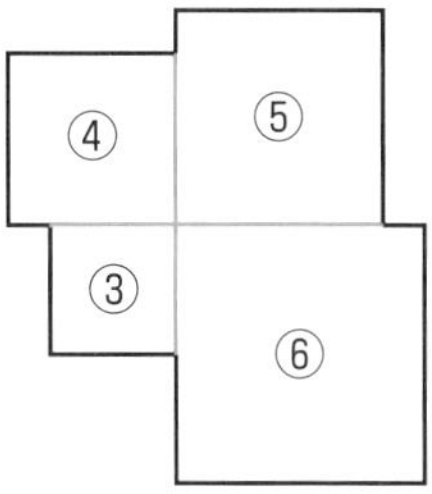

図6

よって，**4cm ずつ増えている**ことから，合計が 43cm になるのは

$$(43-7)\div4+1=10\text{（番目）}$$

つまり，10型であることがわかります。
したがって，求める面積は

$$10\times10+11\times11+12\times12+13\times13=\mathbf{534}\ (\mathbf{cm^2})$$ …答

（別解）

面積を求める図形の最も小さい正方形の1辺の長さを□cm とすると，正方形の辺が重なっている部分の長さの合計は

□＋□＋(□＋1)＋(□＋2)

と表すことができます。
これをまとめると，□×4＋3 となり，これが 43cm になればよいので

□×4＋3＝43　　□×4＝40　　□＝10

したがって，求める面積は

$$10\times10+11\times11+12\times12+13\times13=\mathbf{534}\ (\mathbf{cm^2})$$ …答

⑶ 例えば，1型の図形の周は右の図の長方形 ABCD の周の長さと等しくなります。
この長方形の辺 AD の長さ（横の長さ）は，②の1辺と④の1辺の長さの和になり，辺 AB の長さ（縦《たて》の長さ）は③の1辺と④の1辺の長さの和になっています。
2型以降《いこう》の図形も同様にして，**縦と横の長さの和を次々に求めていく**と，次の表のようになります。

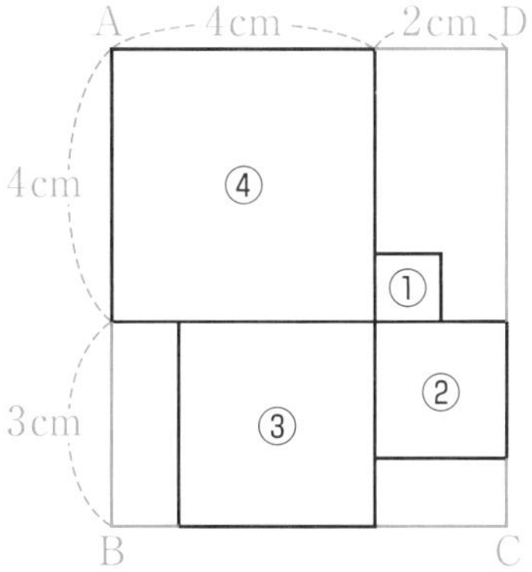

	1型	2型	3型	4型	…
短い辺	2＋4＝6(cm)	3＋5＝8(cm)	4＋6＝10(cm)	5＋7＝12(cm)	…
長い辺	3＋4＝7(cm)	4＋5＝9(cm)	5＋6＝11(cm)	6＋7＝13(cm)	…
縦＋横	6＋7＝13(cm)	8＋9＝17(cm)	10＋11＝21(cm)	12＋13＝25(cm)	…

これより，**縦と横の長さの和は 4cm ずつ増えていく**ことがわかります。
面積を求める図形の周の長さは 122cm ですから，縦と横の長さの和は

$$122\div2=61\ \text{(cm)}$$

よって，この図形は

$$(61-13)\div 4+1=13$$（型《がた》）

であることがわかります。

したがって，求める面積は

$$13\times 13+14\times 14+15\times 15+16\times 16=\mathbf{846}\ (\mathbf{cm^2})$$ …答

（別解《べっかい》）

右の図のように，最も小さい正方形が右下にくるようにして，その1辺の長さを□cmとすると，長方形EFGHの辺EFの長さは

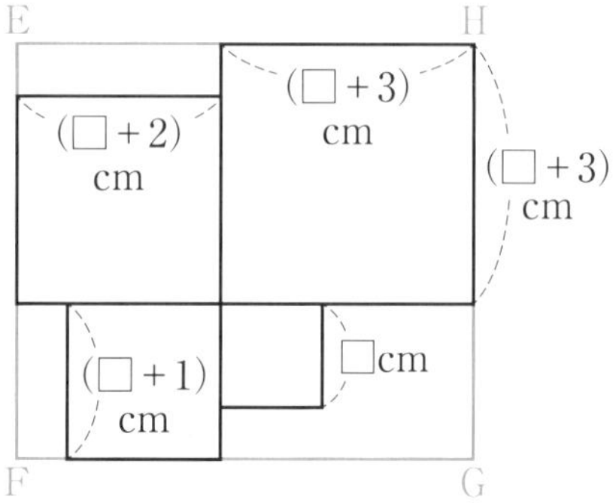

$$(\square+1)\text{cm}+(\square+3)\text{cm}$$

辺EHの長さは

$$(\square+2)\text{cm}+(\square+3)\text{cm}$$

この2辺の長さの和が$(122\div 2=)61$cmになればよいので

$$(\square+1)+(\square+3)+(\square+2)+(\square+3)=61$$

$$\square\times 4+9=61 \qquad \square\times 4=52 \qquad \square=13$$

よって，求める面積は

$$13\times 13+14\times 14+15\times 15+16\times 16=\mathbf{846}\ (\mathbf{cm^2})$$ …答

ポイント

① 小さい順に調べていって，規則性《きそくせい》を見つけよう！

② 図形をよく観察して，しくみを見《み》抜《ぬ》き，わからない長さを□とおいて，式を作ってみよう！

練習問題

解答 別冊 11 ページ

1 いろいろな大きさの正三角形を，次のように置いていきます。はじめに，**図1**のように1辺の長さが1cmの正三角形3枚《まい》①②③と1辺の長さが2cmの正三角形2枚④⑤を置きます。次からは，**図2**のように，できた図形の最も長い辺を1辺とする正三角形を元の図形のとなりにうずまき状《じょう》に置いていきます。このとき，次の問いに答えなさい。

図1

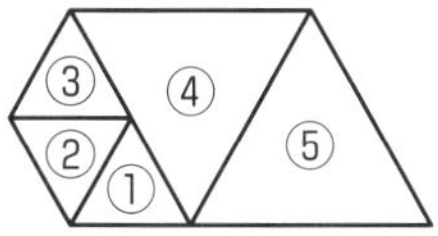

図2

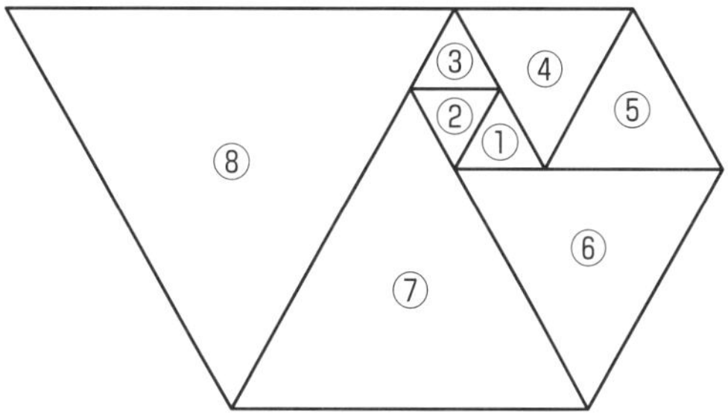

(1) ⑩の正三角形の1辺の長さは何cmですか。

(2) ⑮の正三角形の1辺の長さは何cmですか。

(3) ⑰の正三角形を置いたとき，できる図形の周の長さは何cmですか。

入試問題にチャレンジ

制限時間 15分 解答 別冊 11 ページ

1 図１のような，１辺の長さが1cm の正方形の紙①があり，左下の頂点《ちょうてん》をＯとします。正方形の紙①の対角線の長さを１辺とする正方形の紙②を，**図２**のように正方形の紙①に重ねて置きます。 (京都・洛星中)

図１

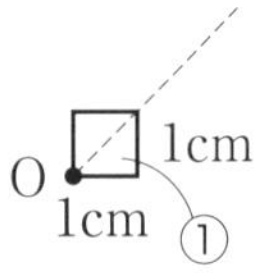

図２

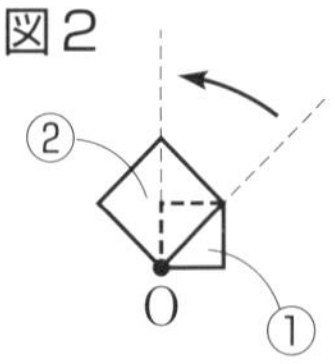

ただし，②の頂点の1つはOであり，Oから引いた②の対角線は，Oから引いた①の対角線を，Oを中心として反時計回りに45°回転させた向きになっています。

(1) 正方形の紙②の面積を求めなさい。

正方形の紙②の対角線の長さを１辺とする正方形の紙③を，同じように正方形の紙②に重ねて置きます。このようにして，正方形の紙④，⑤，…を重ねて置いていきます。

(2) **図３**は，正方形の紙④までを重ねて置いた図です。このとき，２枚《まい》の紙が重なっている部分の面積を求めなさい。

図３

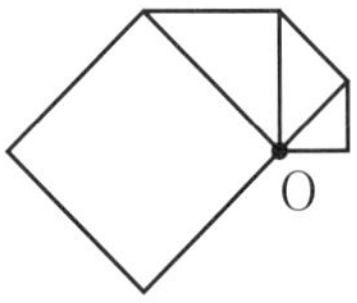

(3) 正方形の紙⑤までを重ねて置いたとき，紙が置かれている部分のうち，紙が重なっていない部分の面積を求めなさい。

(4) 正方形の紙⑪までを重ねて置いたとき，最も多くの枚数の紙が重なっている部分の面積を求めなさい。ただし，**図４**の２つの図のように，正方形の紙のふちどうしが重なっているだけの場合は，紙が重なっているとは考えません。

図４

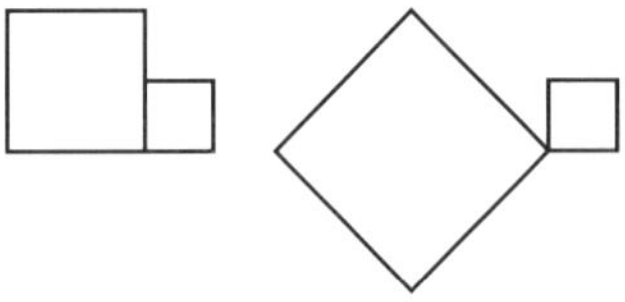

8 電球の点灯

入試傾向

「周期性《しゅうきせい》を利用する力」の有無は以前から重要視《じゅうようし》されていましたが，最近では，さらにその周期を具体的に書き出して細かく分析《ぶんせき》できるかどうかを試す問題が増《ふ》えています。よって，本単元は「手作業で書き出したあと，分析しながら周期性を利用できる能力《のうりょく》」をきたえることを目的としています。周期だけでなく，「あまり」の部分の処理《しょり》にも十分に注意をはらいましょう。

例題

A，B 2つの電球があって，どの電球も一定の時間ごとに青，黄，赤の順で色が変わり，これがくり返されているものとします。また，この時間は，Aは2秒ごとに，Bは3秒ごとに代わるものとします。

A：青(2秒)→黄(2秒)→赤(2秒)→青(2秒)→黄(2秒)→…
B：青(3秒)→黄(3秒)→赤(3秒)→青(3秒)→黄(3秒)→…

(1) A，Bが同時に青からスタートしたとき，2回目に2つとも同時に青がつきはじめるのは何秒後ですか。

(2) A，Bが同時に青からスタートしたとき，5回目に2つとも同時に青がつきはじめるのは何秒後ですか。

(3) A，Bが同時に青からスタートして，1分50秒までの間でA，B 2つの電球の色が同じであったのは全部で何秒間ですか。

解き方と答え

(1) Aは「青(2秒)→黄(2秒)→赤(2秒)」の6秒間のくり返し，Bは「青(3秒)→黄(3秒)→赤(3秒)」の9秒間のくり返しになっていますから，**6と9の最小公倍数は18より，18秒ごとにA，B同時に青がつきはじめます。**
よって，2回目に2つとも同時に青がつきはじめるのは18秒後。 …答

(2) 5回目は，18×(5−1)＝72(秒後) …答
スタート時にA，B同時に青がつきはじめるのが1回目となります。
18×5＝90(秒後)としないように注意しましょう。

(3) 18 秒間を 1 周期として，1 周期分のそれぞれの電球の色の変化を表にして調べていきます。

この場合，同じ漢字を何回も書くのは効率的《こうりつてき》ではありません。

「青→○，黄→×，赤→△」などのように記号におきかえて書いていくようにしましょう。

0　1　2　3　4　5　6　7　8　9　10　11　12　13　14　15　16　17　18（秒）

A	○	○	×	×	△	△	○	○	×	×	△	△	○	○	×	×	△	△
B	○	○	○	×	×	×	△	△	△	○	○	○	×	×	×	△	△	△

ここで，表の書き方・見方を確認《かくにん》しておきます。

例えば，右の表の色の部分は 3 秒後から 4 秒後までの 1 秒間は A，B 2 つとも「×」つまり「黄」の色がついていることを表します。また，**4 秒後は A が「×」から「△」に変わる，つまり「黄」から「赤」に色が変わるしゅん間であることを表しています。**

3 秒後　4 秒後

0　1　2　③　④　5

A	○	○	×	×	△	…
B	○	○	○	×	×	…

「4 秒後に A は黄がつき終わる」

「4 秒後に A は赤がつきはじめる」

この 2 つはどちらも正しい言い方です。

以上のことがあいまいなままだと，「1 秒ズレてしまった」という間違《まちが》いをしてしまいますから，十分注意して考えていきましょう。

では，(3)の続きを考えていきます。

1 周期で，A，B 2 つの電球の色が同じであるのは，次の表の色の部分になります。

0　1　2　3　4　5　6　7　8　9　10　11　12　13　14　15　16　17　18（秒）

A	○	○	×	×	△	△	○	○	×	×	△	△	○	○	×	×	△	△
B	○	○	○	×	×	×	△	△	△	○	○	○	×	×	×	△	△	△

これより，**1 周期（＝18 秒間）で 6 秒間である**ことがわかります。

1 分 50 秒＝110 秒

110÷18＝6 あまり 2

より，6 周期とあまり 2 秒です。

あまりの 2 秒間も同じ色ですから，2 つの電球が同じ色であったのは，全部で

6×6＋2＝38（秒間）　…答

ポイント

① 周期の異《こと》なる 2 つ以上のものをいっしょにした全体の周期は**それぞれの周期の最小公倍数**になる。

② 問題文の漢字表記は，記号化して効率よく書き出していこう！

③ 周期の問題では，**あまりの部分にも注意**をはらおう！

練習問題

解答 別冊12ページ

1 青，黄，赤の３つの電球があります。スイッチを入れると，それぞれの電球は右のような規則《きそく》で点灯と消灯をくり返します。

青：１秒間点灯し，次の１秒間は消灯
黄：２秒間点灯し，次の２秒間は消灯
赤：１秒間消灯し，次の２秒間は点灯

３つの電球のスイッチを同時に入れます。

(1) 点灯を○，消灯を×で表し，次の表を完成させましょう。
また，スイッチを入れたあと，はじめて電球が３つとも同時に点灯しているのは，何秒後から何秒後までの間ですか。

0　1　2　3　4　5　6　7　8　9　10　11　12　13　14　15（秒）

青	○	×													
黄	○	○													
赤	×	○													

(2) スイッチを入れてから８分20秒までの間で，電球が２つだけ同時に点灯しているのは合わせて何秒間ですか。

入試問題にチャレンジ

制限時間 15分　解答 別冊13ページ

1 スイッチを入れると，一定の間かくで色が変化する2つの電球A，Bがあります。電球Aは最初に赤が点灯し，3分おきに点灯する色が赤と青に交ごに変化します。電球Bは最初に赤が点灯し，2分おきに点灯する色が

赤→青→緑→青→赤→青→緑→青→赤→青→緑→青→…

の順に変化しながら点灯します。

今，2つの電球A，Bのスイッチを同時に入れたとします。

このとき，次の各問いに答えなさい。 (東京・純心女子中)

(1) 2つの電球A，Bのスイッチを入れてから11分後，2つの電球の点灯している色はそれぞれ何色ですか。

(2) 2つの電球A，Bのスイッチを入れてから103分後，2つの電球の点灯している色はそれぞれ何色ですか。

(3) 2つの電球A，Bのスイッチを入れてから2時間30分がたちました。電球A，Bの点灯している色が同じであった時間は，合計何分間ですか。

9 分かれて流れる水

入試傾向

今回あつかうテーマである「パスカルの三角形」が背景《はいけい》にある文章題も，最近よく見かけます。正確《せいかく》な作業力とその作業によって得《え》られた結果を次の問題に活かす力，○マークや□マークなどを使いこなし，自分で割合《わりあい》の基準《きじゅん》を決めて考えを進めていく力など総合力《そうごうりょく》が試されます。

例題

下の図のように水道管をつないで，(あ)，(い)，(う)から水を入れ，A，B，C，D，E，Fから水が出るようになっています。水が分かれるところでは同量ずつ分かれるものとします。これについて，次の問いに答えなさい。

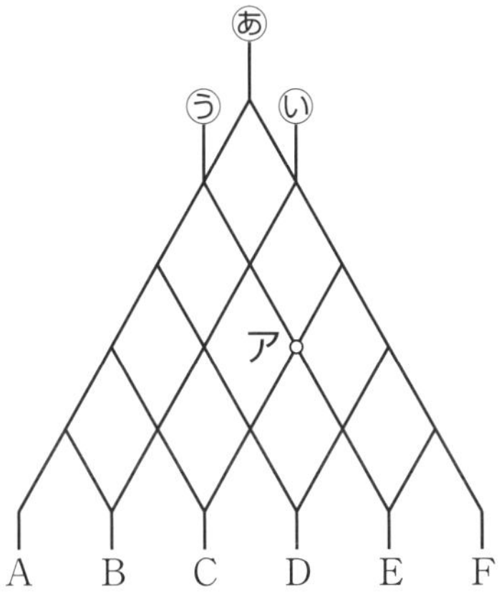

(1) (あ)から64dLの水を入れると，Bから出てくる水の量は何dLですか。

(2) アの部分に穴《あな》が開いていて水がすべて外に流れ出てしまう場合，(あ)から64dLの水を入れると，Cから出てくる水の量は何dLですか。

(3) (あ)から64dL，(い)からいくらかの水を入れると，Dから35dLの水が出ました。(い)から何dLの水を入れましたか。

(4) (あ)からいくらかの水を，(う)からもそれと同量の水を入れると，Bから52dLの水が出てきました。(あ)から何dLの水を入れましたか。

解き方と答え

⑴ 図1のように，ⓐから64 dLの水を入れると，P，Qにはそれぞれ

$$64 \times \frac{1}{2} = 32\ (\mathrm{dL})$$

ずつの水が流れ，RとTにはそれぞれ

$$32 \times \frac{1}{2} = 16\ (\mathrm{dL})$$

ずつの水が流れ，Sには

$$16 + 16 = 32\ (\mathrm{dL})$$ の水が流れます。

同様にして，分かれる水の量を計算していくと，図2のようになりますから，Bから出てくる水の量は **10 dL** …答

図1

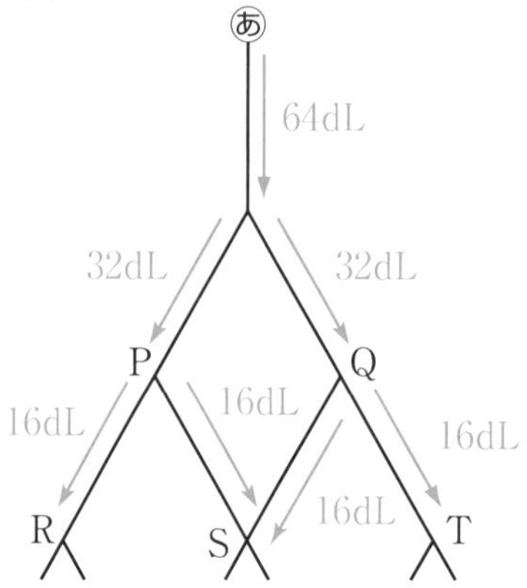

図2

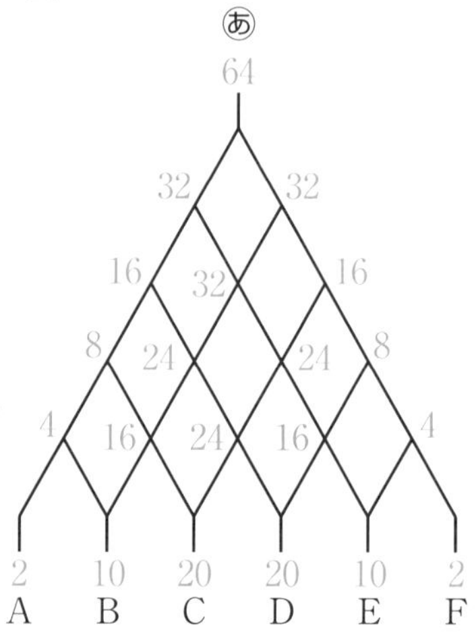

⑵ アの部分に穴《あな》が開いて水が流れ出る場合，水の分かれ方を書きこむと，図3のようになります。
色の数字が，⑴の図2と比《くら》べて変化した部分です。
よって，Cから出てくる水の量は **14 dL**
…答

図3

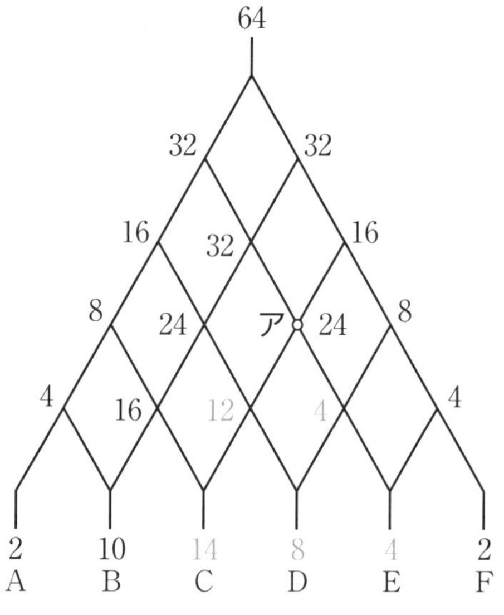

(3) 図4と図5において，**色の点線で囲《かこ》んだ部分では，水の分かれ方が全く同じになります。**

図4

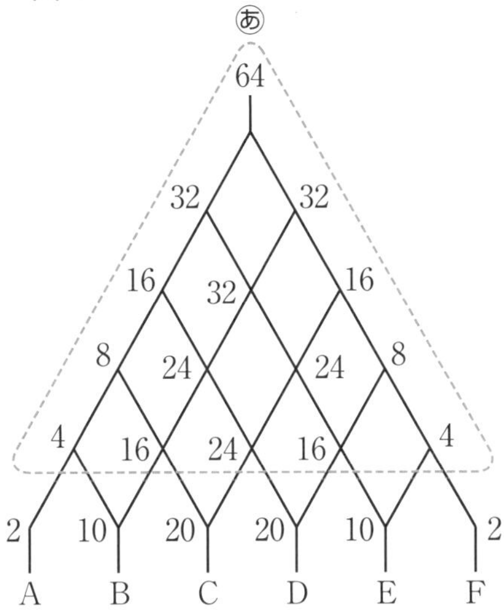

図5

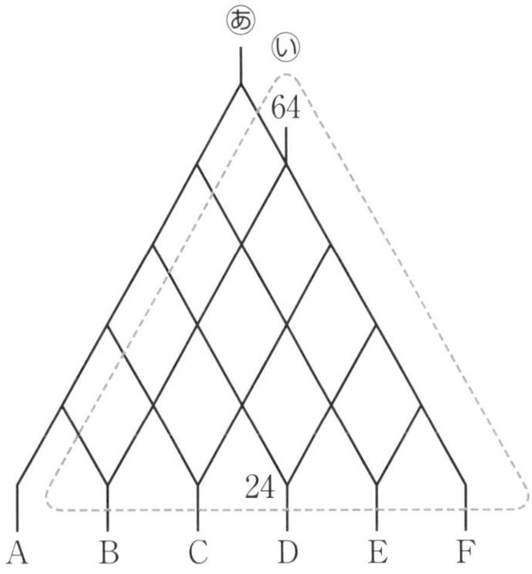

よって，あ⃝から流れてきた水の量の 20 dL とい⃝に入れた水の $\left(\frac{\textcircled{24}}{\textcircled{64}}=\right)\frac{3}{8}$ の水の量の合計が 35 dL であることがわかります。

したがって，い⃝から入れた水の量は

$(35-20)\div\frac{3}{8}=\mathbf{40}\,(\mathrm{dL})$ …答

(4) あ⃝から $\boxed{64}$ の水を入れると，B から $\boxed{10}$ の水が出てきます。また，う⃝からも $\boxed{64}$ の水を入れると，(3)と同様に考えて，B から $\boxed{16}$ の水が出てくることがわかります。

よって，$\left(\boxed{10}+\boxed{16}=\right)\boxed{26}$ が 52 dL ですから，$\boxed{1}=2$ dL より，あ⃝から入れた水の量は

$2\times64=\mathbf{128}\,(\mathrm{dL})$ …答

ポイント

分かれるしくみを理解《りかい》して，ていねいに図に数字を書きこんでいこう！
分かれ方が全く同じ部分を見つけて，効率《こうりつ》よく計算しよう！
求める水の量を〇マークや□マークをつけた数で表し，割合《わりあい》を利用しよう！

練習問題

解答 別冊 14 ページ

1 図のように，蛇口《じゃぐち》 A，B，C から水を流すと，バケツ D から H に水が入るような管があります。管が分かれているところでは，水の量が半分ずつになって流れます。
次の問いに答えなさい。

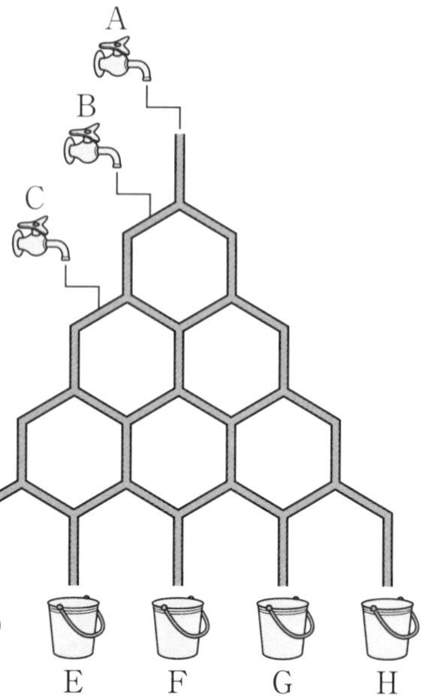

(1) 蛇口 A から 48L の水を流すと，バケツ G に何 L の水が入りますか。

(2) 蛇口 A と B から同じ量の水を流したら，バケツ G に 30L の水が入りました。A から何 L の水を流しましたか。

(3) 蛇口 A と B から同じ量の水を流し，C からも何 L か水を流したら，バケツ D に 9L，E に 26L の水が入りました。C から何 L の水を流しましたか。

1 右の図のように水道管がつながっており，上から水を入れます。2つに分かれるところでは半分ずつに分かれて水が流れます。水道管がこわれている場合，その水道管には水が流れず，こわれていない方に水がすべて流れます。ただし，分かれた水道管の両方がこわれていることはありません。□に入る数や記号を答えなさい。　(大阪星光学院中)

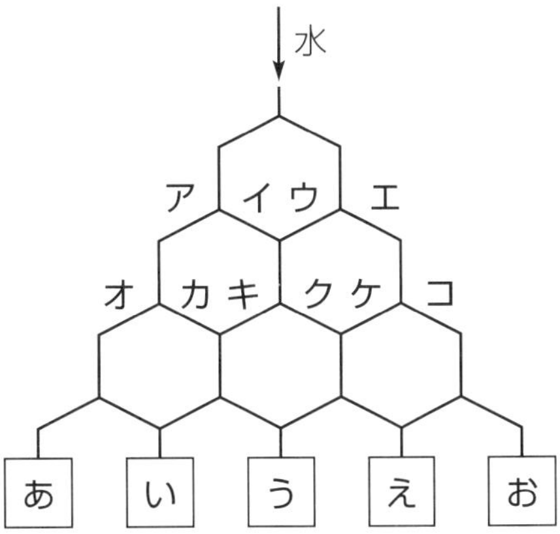

(1) こわれている水道管がないとき，上から水を1L入れると，[あ]から出る水の量は□L，[う]から出る水の量は□Lです。

(2) 水道管**ク**だけがこわれているとき，上から水を1L入れると，[え]から出る水の量は□Lです。

(3) 上から水を1L入れると，[あ]から$\frac{1}{8}$L，[い]から$\frac{5}{16}$L，[う]から$\frac{1}{4}$L，[え]から$\frac{3}{16}$L，[お]から$\frac{1}{8}$Lの水が出てきました。このときこわれている水道管は□と□です。

10 規則性《きそくせい》を利用して数える

入試傾向

「場合分けが必要な問題」「前の結果を利用する問題」は近年特に増《ふ》えています。本単元の問題は，その中でも読解力《どっかいりょく》と応用力を必要とするタイプです。「例題」「練習問題」「入試問題にチャレンジ」はどれも見かけは全くちがう問題ですが，じっくりと取り組むことによって解法の流れはほぼ同じパターンであることに気付いてもらえるはずです。

例題

8段《だん》の階段があります。A君とB君は階段の一番下，C君は階段の一番上にいます。次の問いに答えなさい。

(1) A君は1歩で1段か2段のいずれかで階段を上ります。

① A君の4段目までの上り方は全部で何通りありますか。

② A君の8段目までの上り方は全部で何通りありますか。

(2) B君は1歩で1段か2段か3段のいずれかで階段を上り，C君は1歩で1段か2段か3段のいずれかで階段を下ります。B君とC君の移動《いどう》は1歩ごと同時に行います。

2歩目の移動で2人が同じ段で止まる動き方は，全部で何通りありますか。

解き方と答え

(1) ①1段，1段，2段の順で4段上ることを「1+1+2」のように表すとすると，階段の上り方は全部で「1+1+1+1」,「1+1+2」,「1+2+1」,「2+1+1」,「2+2」の**5通り**。 …答

(別解)

①を解く場合はこれで十分ですが，②のように階段の段数が多くなると大変です。**「場合分けをして，前の結果を利用する」方法が有効《ゆうこう》です**。

・1段の上り方→1通り。

・2段の上り方→「2」,「1+1」の2通り。

・3段の上り方→「2+1」,「1+2」,「1+1+1」の3通り。

4段の上り方は次のように**最後の1歩で場合分け**します。

㋐2段目から最後の1歩で2段上って4段目に着く場合
→2段目までの階段の上り方は2通りですから，2通り。

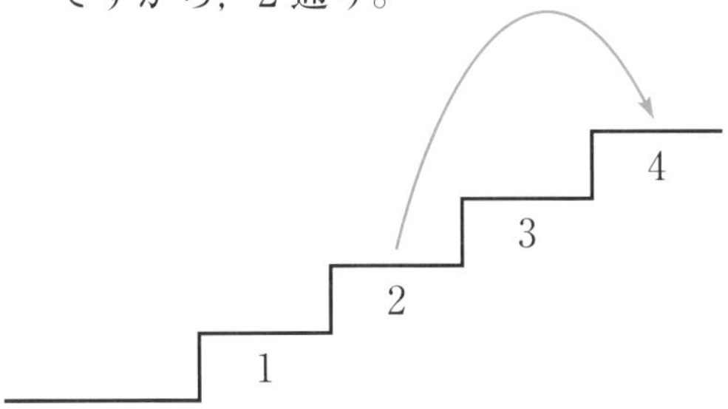

㋑3段目から最後の1歩で1段上って4段目に着く場合
→3段目までの階段の上り方は3通りですから，3通り。

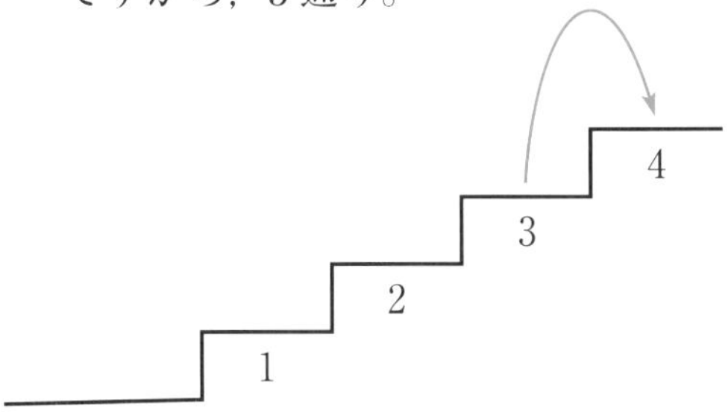

よって，A君の4段目までの上り方は，㋐と㋑を合わせて

2＋3＝**5(通り)**　…答

② ①の考え方を使うと，N段の階段の上り方は「$(N-2)$段目から最後の1歩で2段上る場合」と「$(N-1)$段目から最後の1歩で1段上る場合」の2種類がありますから，

N段の上り方の数＝$(N-2)$段の上り方の数＋$(N-1)$段の上り方の数

で求められることがわかります。

この規則にしたがって，8段目までの上り方の数を調べると，次の表のようになります。

階段の段数	1	2	3	4	5	6	7	8
上り方(通り)	1	2	3	5	8	13	21	34

3＋5↑　↑5＋8　↑8＋13　↑13＋21

よって，A君の8段目までの上り方は，**34通り**。…答

(2) B君は2歩で2〜6段《だん》上ることができます。また，C君も2歩で2〜6段下ることができます。

それぞれの段数の上り方（下り方）を調べると，次のようになります。

・2段→「1+1」の1通り。

・3段→「1+2」「2+1」の2通り。

・4段→「1+3」「2+2」「3+1」の3通り。

・5段→「2+3」「3+2」の2通り。

・6段→「3+3」の1通り。

これをもとに，**2人で合計8段になるような動き方で場合分けして考える**と，次のようになります。

・B君が2段上り，C君が6段下る場合→1×1=1（通り）

・B君が3段上り，C君が5段下る場合→2×2=4（通り）

・B君が4段上り，C君が4段下る場合→3×3=9（通り）

・B君が5段上り，C君が3段下る場合→2×2=4（通り）

・B君が6段上り，C君が2段下る場合→1×1=1（通り）

したがって，2歩目の移動《いどう》で2人が同じ段にとまる動き方は，全部で

1+4+9+4+1=**19（通り）** …答

ポイント

場合分けして，前の結果を利用するのがコツ。そのためには，1段目，2段目，3段目，…と小さい順に調べて規則性《きそくせい》がないか探《さが》してみよう！
また，設定《せってい》が複雑《ふくざつ》な問題は，実際《じっさい》にひとつひとつていねいに書き出してみて，しくみを理解《りかい》しよう！

練習問題

解答 別冊 15 ページ

1 コインを１回投げるごとに，次の規則にしたがって，左から順に文字を書いていきます。コインを投げ，表が出たときは文字 AA を書き，裏《うら》が出たときは文字 B を書きます。さらに，くり返しコインを投げ，同じ規則にしたがって AA か B をすでに書いてある文字の並《なら》びの右側につなげて書いていきます。

例えばコインを５回投げ，その結果が　裏→裏→表→裏→表　の順であったとすると，書かれた文字の並びは，BBAABAA となります。

このとき，次の各問いに答えなさい。

(1) コインを３回投げたとき，書かれた文字の並びのパターンをすべて書き出しなさい。

(2) コインを何回か投げて文字を書き並べていくとき，左から８番目以後に文字が来たら，そこでコインを投げるのをやめることにします。

①８番目に B がくる文字の並びのパターンは全部で何通りですか。

②８番目に A がくる文字の並びのパターンは全部で何通りですか。

(3) コインを何回か投げて文字を書き並べていくとき，左から９番目以後に文字が来たら，そこでコインを投げるのをやめることにします。このとき，５番目と９番目に A がくる文字のパターンは全部で何通りですか。

入試問題にチャレンジ

制限時間 15分　解答 別冊16ページ

1 Aさんが店長を務《つと》める「らーめん小岩」では横一列に席が並《なら》んでいます。次の会話文はAさんと従業員《じゅうぎょういん》のBさんの会話の内容《ないよう》です。この会話文を読み，あとの問いに答えなさい。

A：お客さんとお客さんの間を必ず1席以上空けることにしましょう。

B：お客さん同士《どうし》が近づきすぎないようにするためですね。そうすると，席の使い方は何通りになるでしょうか？

A：少し考えてみましょうか。お客さんが座《すわ》っている席を○，空いている席を×とします。席が1席しかないとすると，○か×の2通りです。席が2席だとするとどうなりますか？

B：○○はとなり合ってしまうのでダメですよね。そうすると，○×，×○，××の3通りですね。

A：そうですね。3席だとするとどうなりますか？

B：席の数が増《ふ》えていくと数えていくのが大変ですね。

A：2席の場合から右に1席追加すると考えましょう。×は2席がどのような座り方でも必ず右に追加することができて，○は×の右のみ追加できます。

B：そうすると，［⑴］の［※］通りですね。

A：そうですね。うちの店は9席あるので，同じように考えていけばどうなりますか？

B：えっと，計算していくと…，［⑵］通りです！

（東京・江戸川女子中）

⑴ ［⑴］には○と×を合わせて3個《こ》並べたものがいくつか入ります。当てはまるものをすべて書きなさい。

⑵ ［⑵］に入る正しい数を求めなさい。

⑶ お客さんとお客さんの間を2席以上空けることにすると，「らーめん小岩」の席の使い方は何通りになりますか。

11 タイルのはりつけ方を調べる

入試傾向

最も重要なことは，問題であたえられた「タイルのはりつけ方のルール」を正しく読みとることです。「2 種類とも使うのか，あるいは 1 種類だけでもよいのか」「使う枚数《まいすう》に制限《せいげん》はあるのか」などを確認《かくにん》してから調べる作業に入ります。そして，左はし(右はし)をどちらではりつけるかなど場合分けの基準《きじゅん》を決めて調べることが大切です。

また，近年では前の設問《せつもん》の結果を再利用《さいりよう》するなどの意識《いしき》が必要となる問題が多くなっています。

例題

右の図のような 2 種類のタイル A，B が数多くあります。

1 辺の長さが 40cm の正方形のわくの中に，タイル A，B をはりつける方法(タイル A，B の片方《かたほう》のみはりつけてもよい)は全部で 5 通りあります。

次の問いに答えなさい。

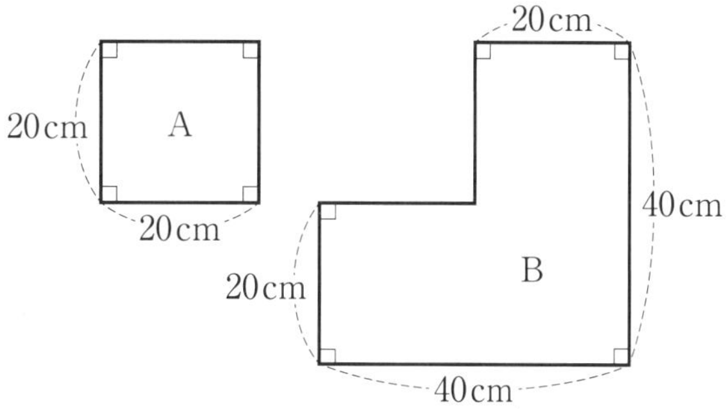

(1) 縦《たて》 40cm，横 60cm の長方形のわくの中に，タイル A，B をはりつける方法は全部で何通りありますか。

(2) 縦 40cm，横 80cm の長方形のわくの中に，タイル A，B をはりつける方法は全部で何通りありますか。

解き方と答え

問題文の例にある「1 辺 40cm の正方形のわくの中にはりつける方法は 5 通り」について，**実際に自分で調べてみて「はりつけ方のルール」を確認**します。

次の 5 通りになります。

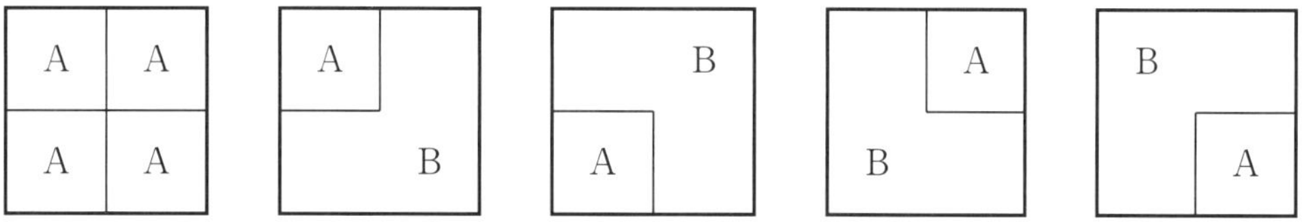

(1) **左はしにどのようにタイルをはりつけるかで場合分け**して考えます。左はしのはりつけ方は，次の㋐～㋔の 5 つの場合があります。

㋐
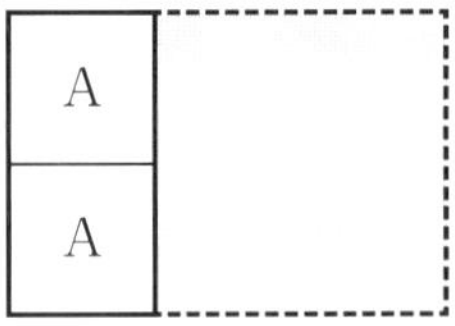

㋑
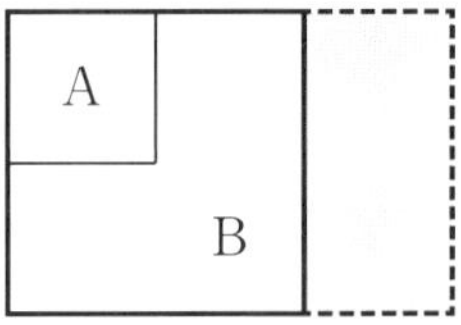

㋒
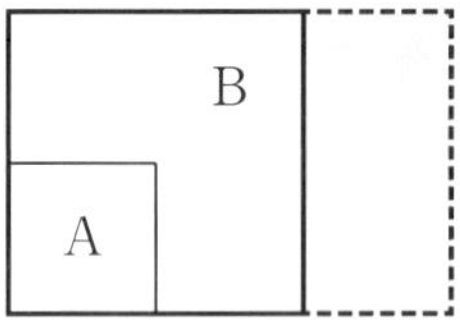

㋓
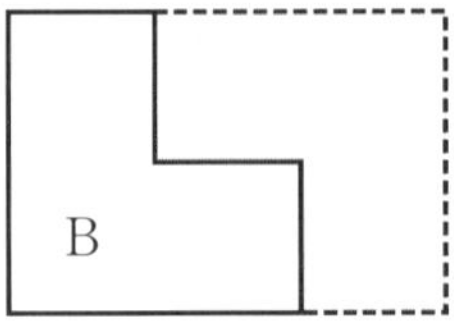

㋔
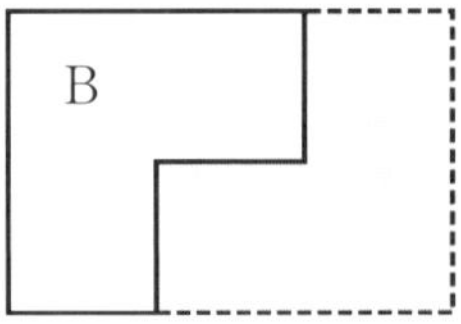

㋐の色の部分のはりつけ方は，上の例で調べた５通り。

㋑，㋒の色の部分のはりつけ方は，それぞれＡ２枚《まい》の１通り。

㋓，㋔の色の部分のはりつけ方は，それぞれＡ３枚またはＢ１枚の２通り。

以上より，はりつけ方は全部で，$5+1\times2+2\times2=$**11（通り）** …答

(2) (1)と同様にして考えます。

・左はしを(1)の㋐と同じようにはりつける場合

残りの部分のはりつけ方は，縦《たて》40cm，横60cmの長方形のわくの中にはりつける方法と同じですから，(1)**の結果**より11通り。

・左はしを(1)の㋑，㋒と同じようにはりつける場合

残りの部分のはりつけ方は，１辺が40cmの正方形のわくの中にはりつける方法と同じですから，**最初の確認**で調べた５通り。

・左はしを(1)の㋓，㋔と同じようにはりつける場合

例えば㋓の場合で，**タイルＢの右上のかどの欠けた正方形の部分のはりつけ方でさらに場合分け**すると，次の㋕，㋖の２つの場合があります。

㋕
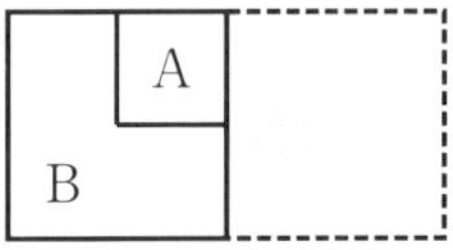

㋖
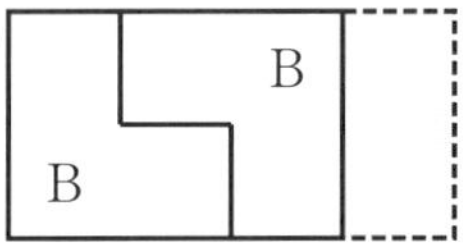

㋕のパターンは，色の部分のはりつけ方が５通り。

㋖のパターンは，色の部分のはりつけ方が１通り。

よって，$5+1=6$（通り）とわかります。

㋔も同じになるので６通りです。

以上より，はりつけ方は全部で，$11+5\times2+6\times2=$**33（通り）** …答

ポイント

①　左はし（または右はし）をどのようにはりつけるかで場合分けして考えよう！

②　前の結果（問題文で示《しめ》された例や前の小問で得《え》られた結果など）が利用できないかを常《つね》に意識《いしき》しよう！

練習問題

解答 別冊 18 ページ

1 図１のような長方形のタイル A と正方形のタイル B の２種類のタイルがあります。
図２の図形にタイル A，B を当てはめる方法は図３のように３通りあります。

図１

図２

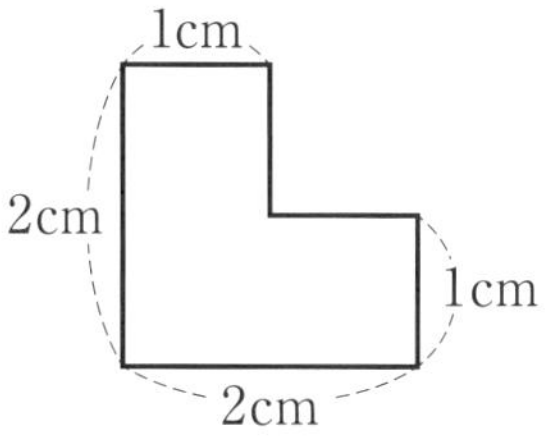

図３

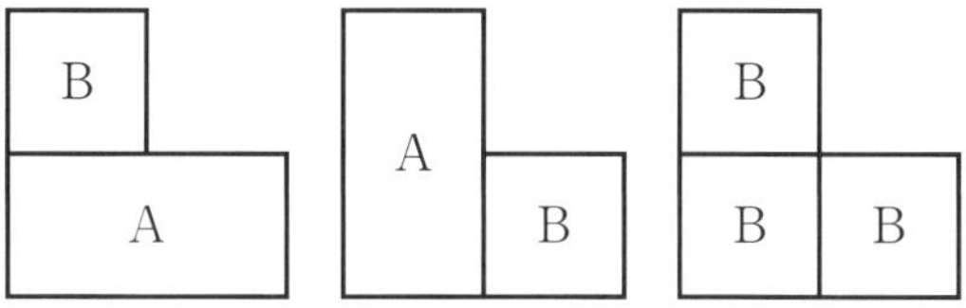

次の問いに答えなさい。

⑴ 図４の図形にタイル A，B を当てはめる方法は何通りありますか。

図４

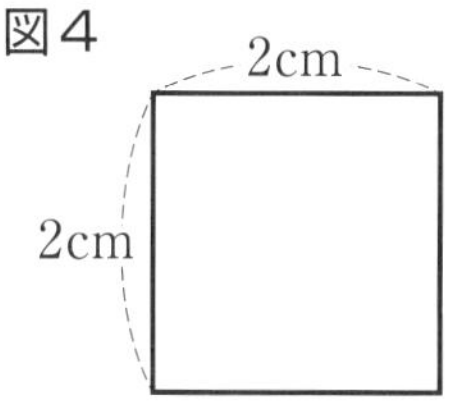

⑵ 図５の図形にタイル A，B を当てはめる方法は何通りありますか。

図５

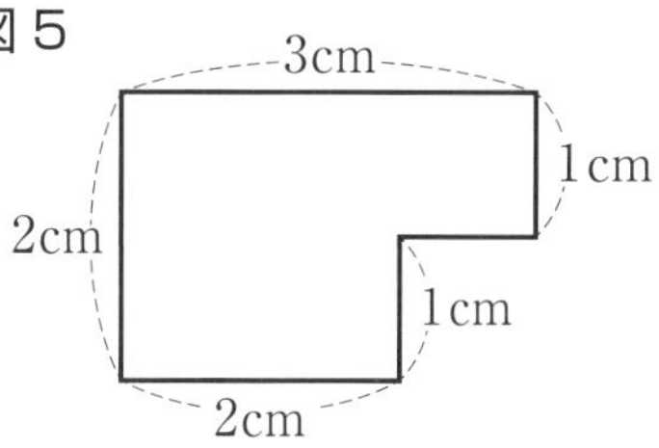

⑶ 図６の図形にタイル A，B を当てはめる方法は何通りありますか。

図６

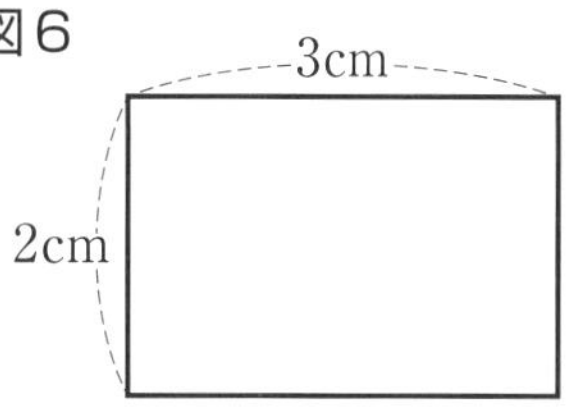

入試問題にチャレンジ

制限時間 15分　解答 別冊 18 ページ

1 図のような形をしたタイルがそれぞれ何枚《なんまい》かあります。これらを裏返《うらがえ》さずに，かべに固定されたわくの中にすき間なくぴったりはりつけます。1 辺の長さが 20cm の正方形のわくの中に，2 枚のタイル B をはりつける方法は全部で 2 通りあります。

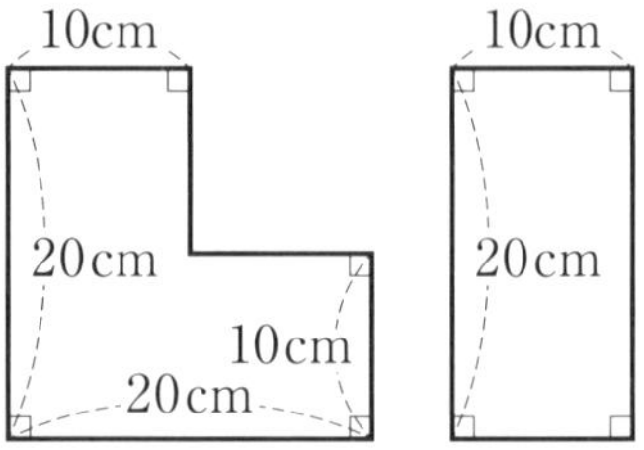

タイル A　タイル B

縦《たて》の長さが 20cm，横の長さが 40cm の長方形のわくの中に，2 枚のタイル A と 1 枚のタイル B をはりつける方法は全部で (1) 通りあります。
また，縦の長さが 20cm，横の長さが 50cm の長方形のわくの中に，2 枚のタイル A と 2 枚のタイル B をはりつける方法は全部で (2) 通りあります。
(1)，(2) に当てはまる数をそれぞれ求めなさい。　(兵庫・灘中)

12 色をぬって模様《もよう》を作る

入試傾向

色をぬって模様を作る問題は近年多くの難関《なんかん》校で出題されています。本単元であつかう問題は，「回転で重なるものは同じ」とみなして書き出していくタイプのもので，流行の 1 つとなっています。「基準《きじゅん》を設《もう》けてていねいに書き出すこと」「前の結果を再利用《さいりよう》すること」などを意《い》識《しき》して取り組んで下さい。

例題

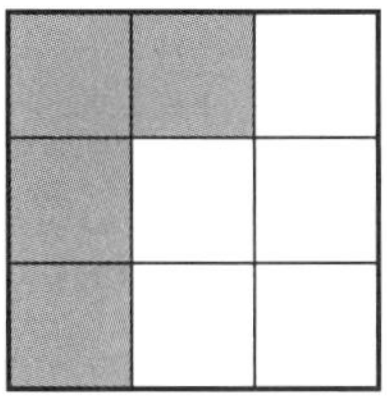

図ア

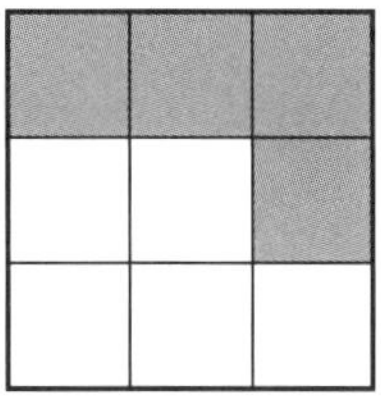

図イ

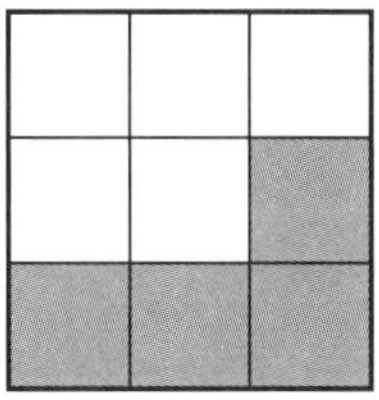

図ウ

3×3のマス目があり，マスをぬりつぶすぬり方が何通りあるかを考えます。

例えば，マスをぬる場所が4つの場合，図アと図イは回転させると同じぬり方になるので1通りと考えます。また，図アと図ウは回転させても同じぬり方にはならないので，それぞれ異《こと》なるぬり方と考えます。

次の(1)～(3)の場合について，ぬり方はそれぞれ何通りありますか。

(1) マスをぬる場所が1つの場合

(2) マスをぬる場所が2つの場合

(3) マスをぬる場所が3つの場合

解き方と答え

(1) 1マスだけぬる方法は，「真ん中のマスだけぬる場合」(図1)と「外側8マスのうち1マスだけぬる場合」(図2)があります。

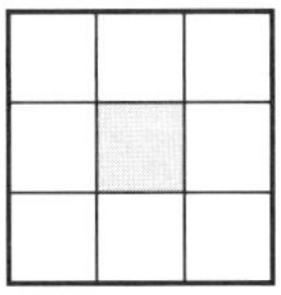

図1

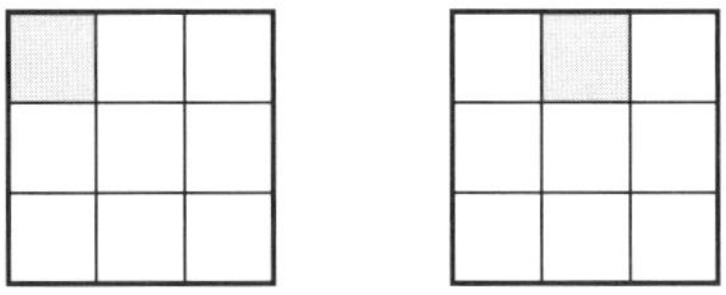

図2

よって，ぬり方は全部で，1+2=3(通り) …答

アドバイス

「外側 8 マスのうち 1 マスだけぬる場合」(図2)については **90°ずつ回転させて重なる図形は 1 通りと数える**ことに注意しましょう。

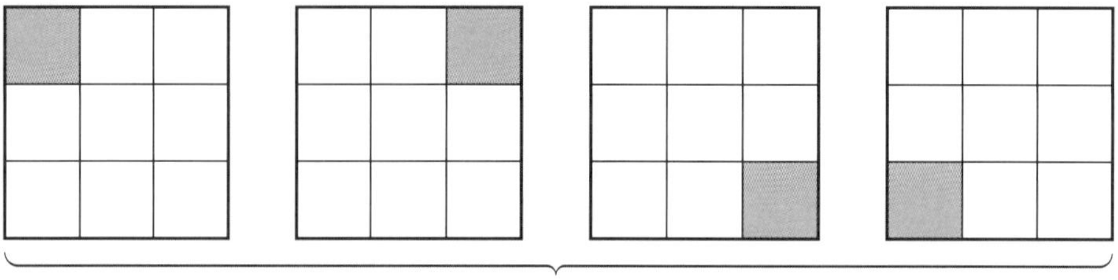

同じぬり方

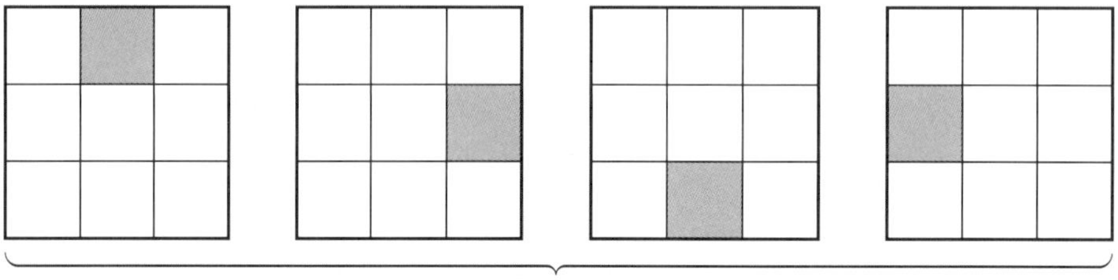

同じぬり方

(2) **「真ん中をぬる場合」と「真ん中をぬらない場合」に分けて(1)の解説《かいせつ》のアドバイスに注意しながら考えます。**

・真ん中をぬる場合

図3の 2 通りです。

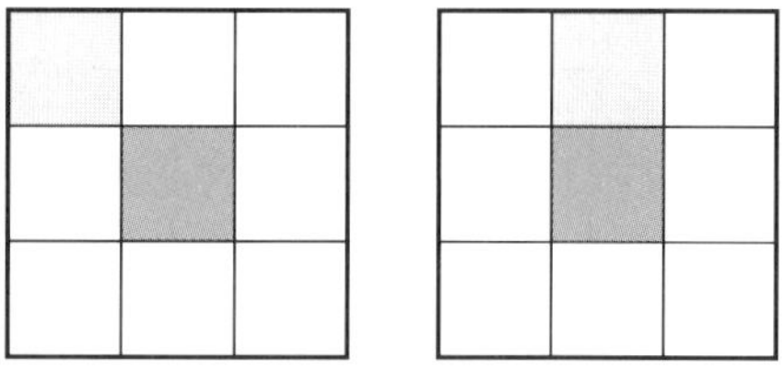

図3

・真ん中をぬらない場合

かどを 2 マスぬる場合は図4の 2 通り，かどを 1 マスぬる場合は図5の 4 通り，かどをぬらない場合は図6の 2 通りです。

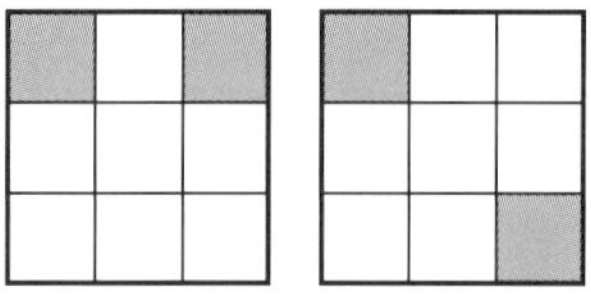

図4

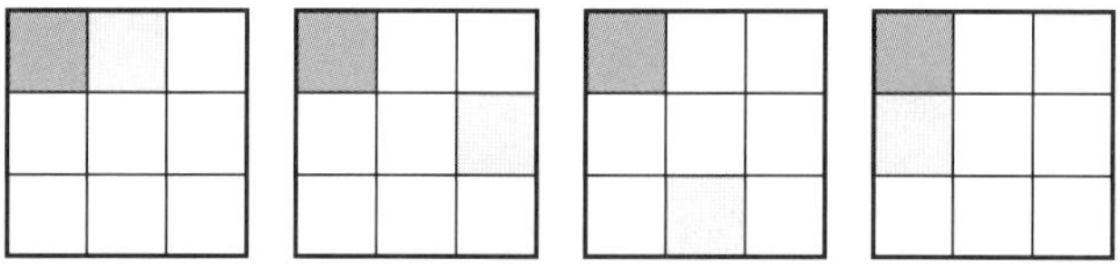

図5

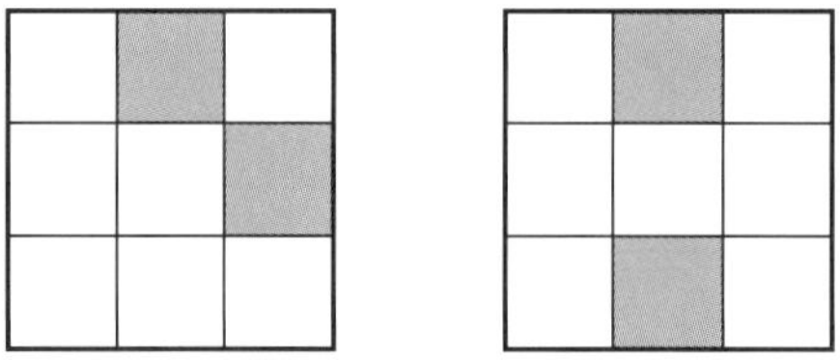

図6

よって，真ん中をぬらない場合は

$2+4+2=8$(通り)

以上より，ぬり方は全部で $2+8=10$(通り) …答

(3) (2)と同様にして，**「真ん中をぬる場合」と「真ん中をぬらない場合」に分けて考えます。**

・真ん中をぬる場合

(2)**の「真ん中をぬらない場合」の図４〜６の真ん中をぬるだけなので８通り。**

・真ん中をぬらない場合

かどを３マスぬる場合→図７の１通り。

かどを２マスぬる場合→図８の６通り。

かどを１マスぬる場合→図９の６通り。

です。

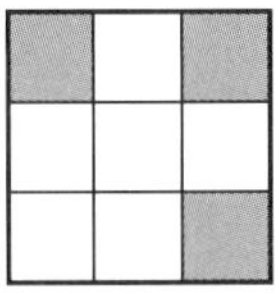

図７

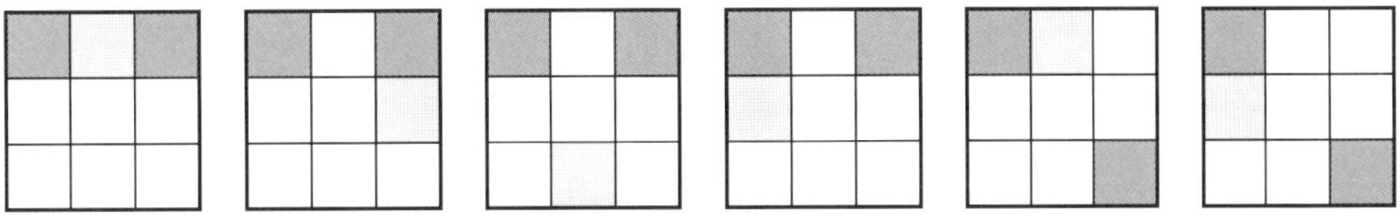

図８

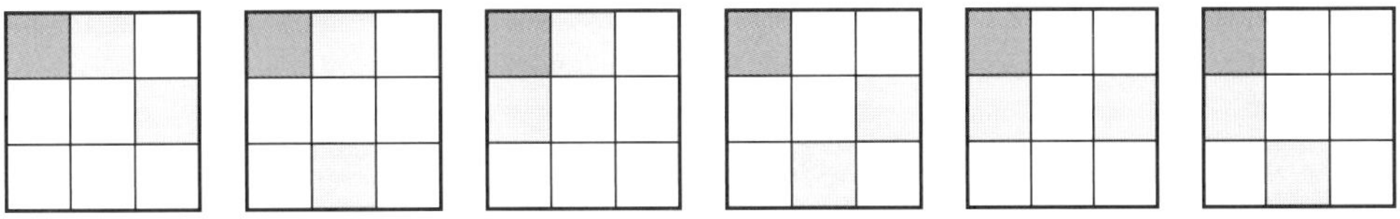

図９

かどをぬらない場合は，図１０の１通りです。

よって，ぬり方は全部で，１＋６＋６＋１＝14（通り）

以上より，ぬり方は全部で，８＋14＝**22（通り）** …答

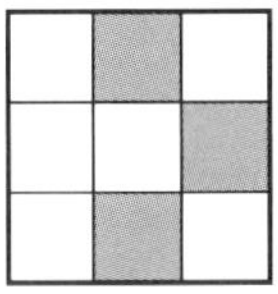

図１０

ポイント

「真ん中をぬる場合，ぬらない場合」「かどをぬる場合，ぬらない場合」など，**場合分けの基準《きじゅん》を設《もう》けて**からていねいに調べていこう！

練習問題

解答 別冊19ページ

1 図のように，正三角形の頂点《ちょうてん》の位置と辺の真ん中の位置に○があります。このうち，いくつかを黒くぬります。回転させたとき，黒くぬった場所が同じ位置になるものは，同じものと考えて１通りと数えます。このとき，次の問いに答えなさい。

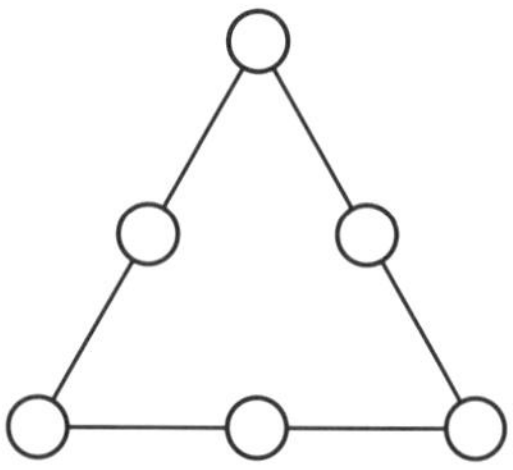

⑴ ２か所を黒くぬるとき，ぬり方は何通りありますか。

⑵ ３か所を黒くぬるとき，ぬり方は何通りありますか。

⑶ １か所も黒くぬらないものも１通りと数えるとき，ぬり方は全部で何通りですか。６か所すべてが同じ色でもかまいません。

入試問題にチャレンジ

制限時間 15分　解答 別冊 20 ページ

1 右の図のように，正六角形の頂点の位置と，真ん中に○があります。このうちいくつかを黒くぬります。回転させたとき，黒くぬった場所が同じ位置になるものは，同じものと考えて１通りと数えます。このとき，次の問いに答えなさい。　（東京・普連土学園中）

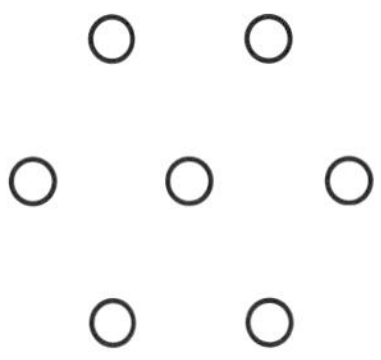

(1) １か所を黒くぬるとき，ぬり方は何通りありますか。

(2) ２か所を黒くぬるとき，ぬり方は何通りありますか。

(3) ３か所を黒くぬるとき，ぬり方は何通りありますか。

(4) ４か所を黒くぬるとき，ぬり方は何通りありますか。

(5) １か所も黒くぬらないものも１通りと数えるとき，ぬり方は何通りありますか。

13 マスに数を入れる

入試傾向

条件《じょうけん》に合うようにひとつひとつていねいにマス目に数を入れていく問題です。

このテーマにおいても「基準《きじゅん》を設《もう》けてていねいに書き出すこと」「前の結果を再利用《さいりよう》すること」「対称性《たいしょうせい》を利用すること」などを意識《いしき》して取り組むことが大切です。小問どうしのつながりにも注意しましょう。

例題

次のルールにしたがって，マス目に数を入れていきます。

「ルール」

くっついているマス目には，次の①，②のルールがあります。

① 横の並《なら》びの数は，いつも右にある数の方が左にある数よりも大きくなるようにします。

② 縦《たて》の並びの数は，いつも下にある数の方が上にある数よりも大きくなるようにします。

例えば，下のような５つのマスからなるマス目に，１から５までの数を入れるとき，数の入れ方は４通りあります。

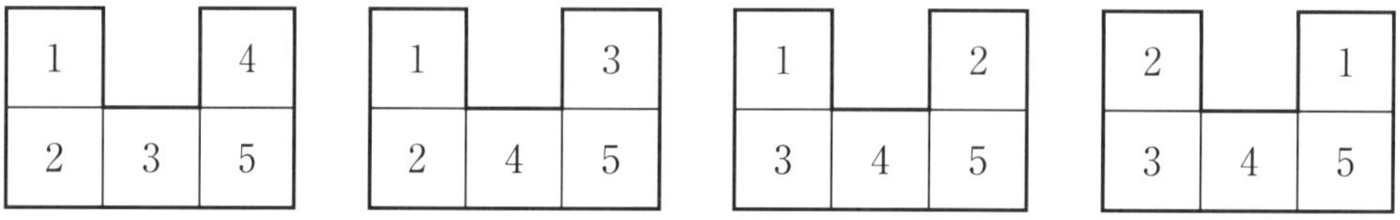

この「ルール」にしたがって，次の(1)，(2)のマス目には１から５までの数を，(3)，(4)のマス目には１から６までの数を書き入れます。それぞれの場合，数の入れ方は何通りありますか。

(1)

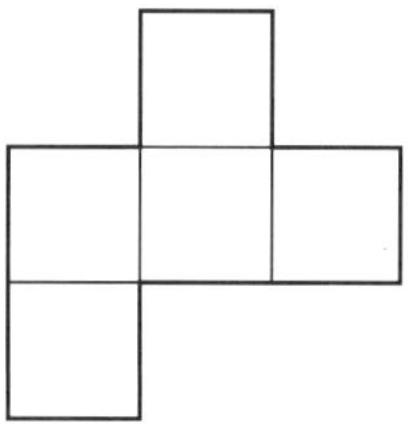

(2)

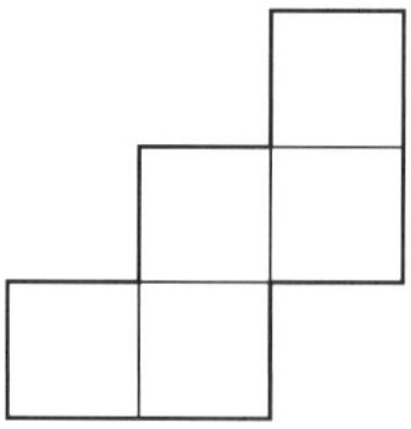

(3)

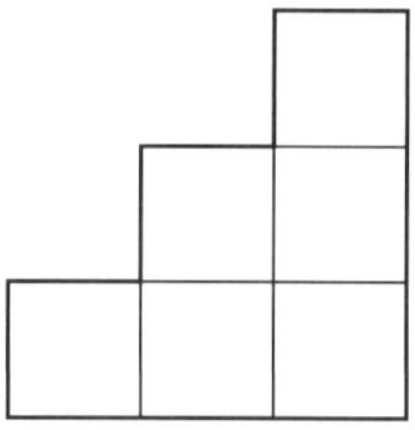

(4)

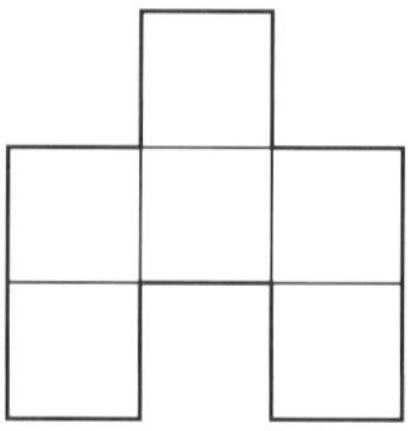

解き方と答え

(1) 1が入るマスは，右のように㋐，㋑の２つの場合があります。

㋐ ㋑

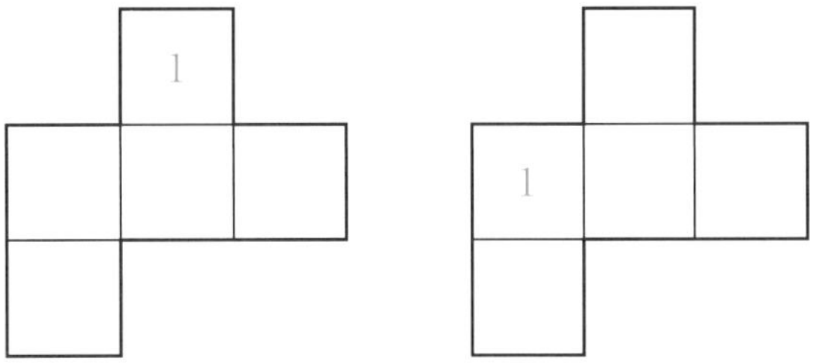

・㋐の場合，残りの数の入れ方は，下のように３通り考えられます。

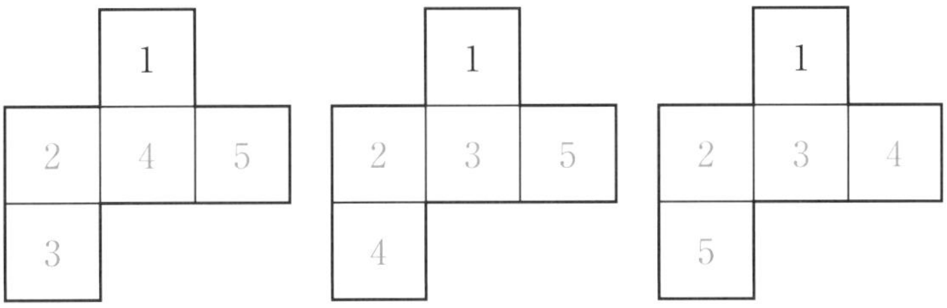

・㋑の場合，残りの数の入れ方は，下のように４通り考えられます。

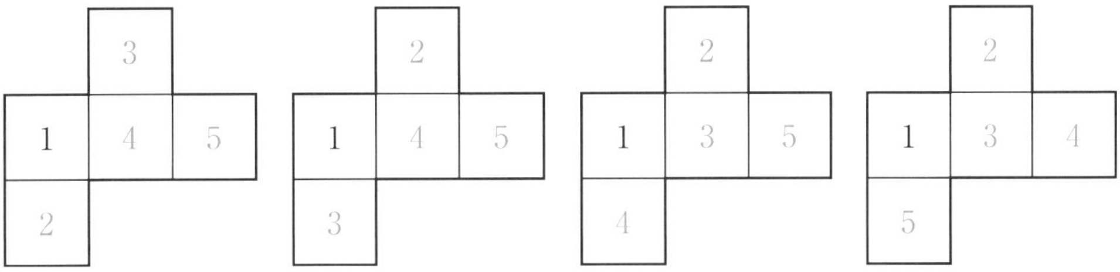

よって，数の入れ方は全部で，3＋4＝**7（通り）** …答

(2) 5が入るマスは右のように㋒，㋓の２つの場合があります。

㋒ ㋓

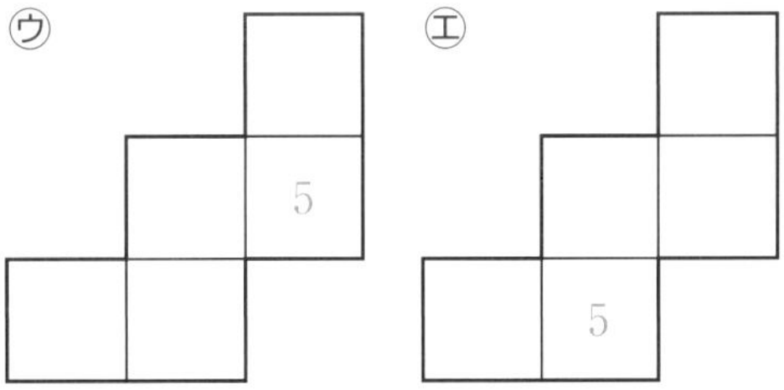

・㋒の場合，残りの数の入れ方を 4，3，2，1 の順に考えていくと，下の８通りになります。

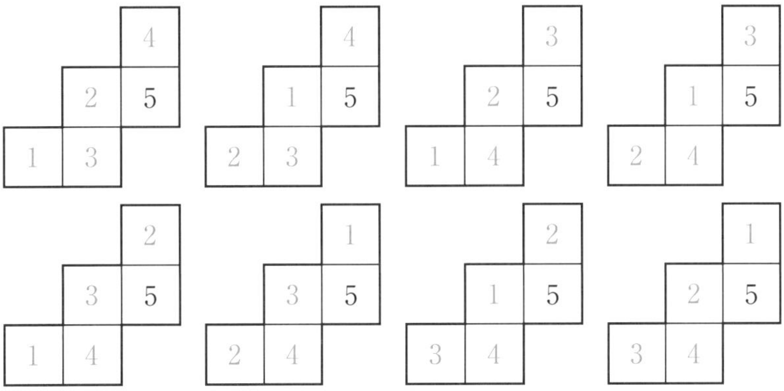

・**㋓の場合，右の図のように，点線を対称軸《たいしょうじく》として反転させると㋒の場合と同じになる**ことがわかります。よって，上と同じで8通りになります。
したがって，数の入れ方は全部で

8×2＝16（通り） …答

㋓

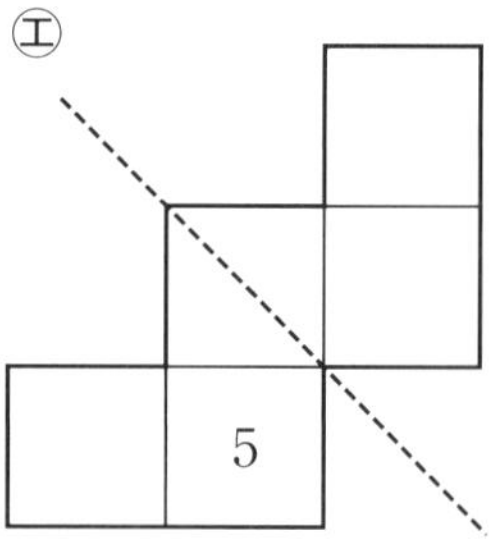

㋒

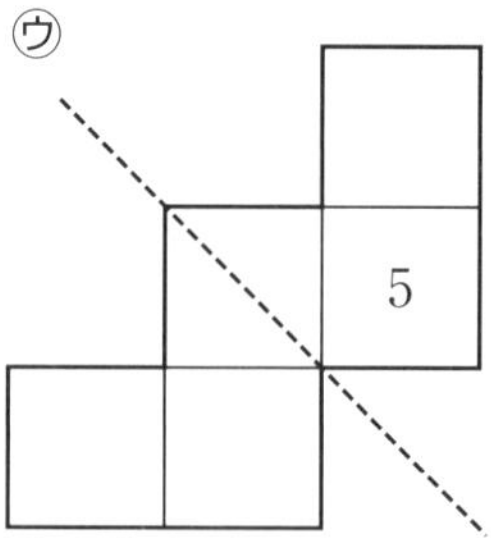

(3) 6が入るマスは右の図のような場合しかありません。**残りのマスに1から5までの数の入れ方は，(2)の場合と同じ**です。
よって，この場合，数の入れ方は16通り。 …答

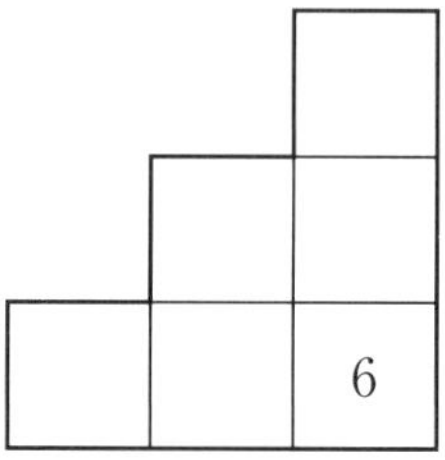

(4) (3)で(2)が利用できたように，(4)では(1)**が利用できます**。
6が入るマスは，右の図のように㋔，㋕の2つの場合があります。

・㋔の場合，**残りのマスへの1から5までの数の入れ方は(1)の場合と同じ**ですから，7通りになります。

・㋕の場合，残りの数の入れ方は，右のように2通り考えられます。
したがって，数の入れ方は全部で

7＋2＝9（通り） …答

㋔

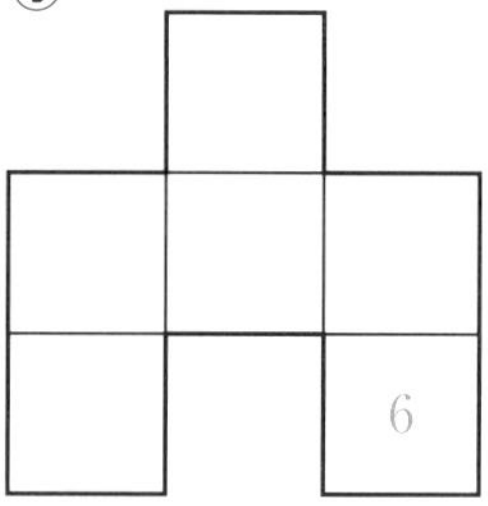

㋕

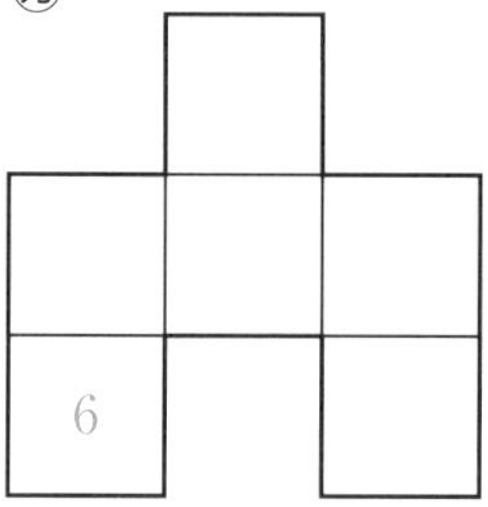

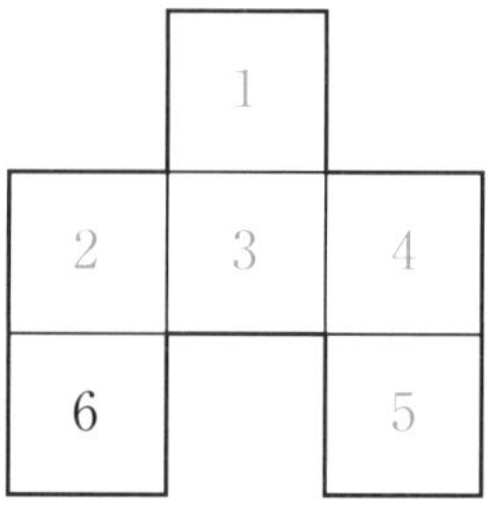

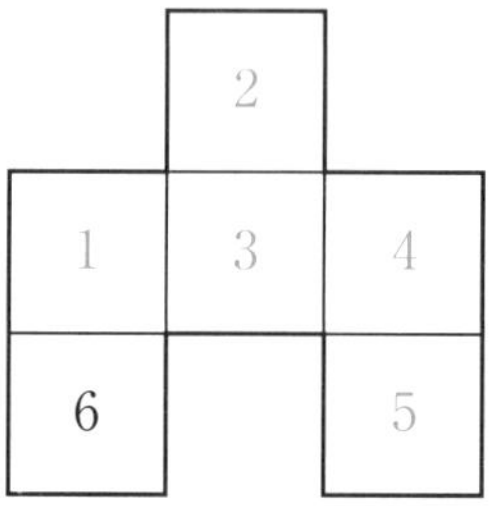

アドバイス

7×2＝14（通り）としないように注意しましょう。
大小関係がくずれるので，左右の対称性《たいしょうせい》は保たれません。

ポイント

数の大小関係をもとに，必ず決まるマス目を探《さが》すと考えやすくなる！
図形の対称性や**前の問題との関連**にも注意をはらおう！

練習問題

解答 別冊 20 ページ

1 **図ア**のようなマス目に1から7までの数を入れます。ただし，どの数も右どなりの数より小さく，真下の数より小さくなるように入れます。このとき，次の問いに答えなさい。

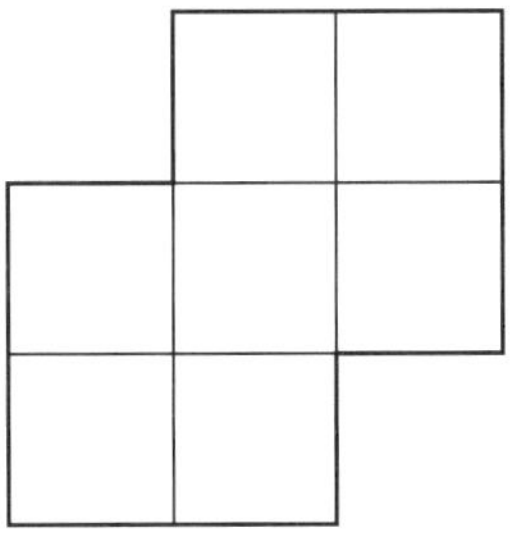

図ア

(1) 1と3を下の図のように入れたとき，残りの数の入れ方をすべて書き出しなさい。ただし，下の図はすべて使うとは限《かぎ》りません。

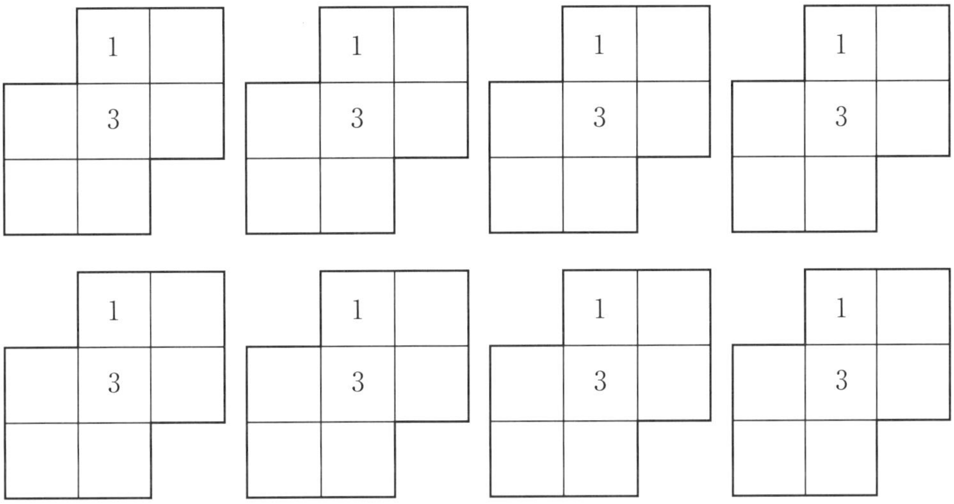

(2) (1)の場合もふくめて，数の入れ方は全部で何通りありますか。

(3) 右の**図イ**のようなマス目に上と同じルールで1から9までの数を入れます。数の入れ方は全部で何通りありますか。

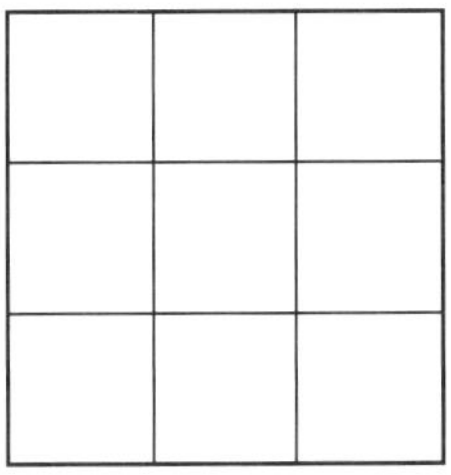

図イ

入試問題にチャレンジ

制限時間 15分　解答 別冊22ページ

1 様々な形をしたマス目に，以下のルールにしたがって，整数を書きます。

・1からマス目の数までの整数を，各マスに1つずつ書く。

・どの行を横に見ても，右のマスほど数が大きくなっている。

・どの列を縦《たて》に見ても，下のマスほど数が大きくなっている。

例えば，下のようなマス目Aは，5個《こ》のマスからなるマス目なので，1から5までの整数を書きます。

このとき，整数の書き方は5通りです。

マス目A

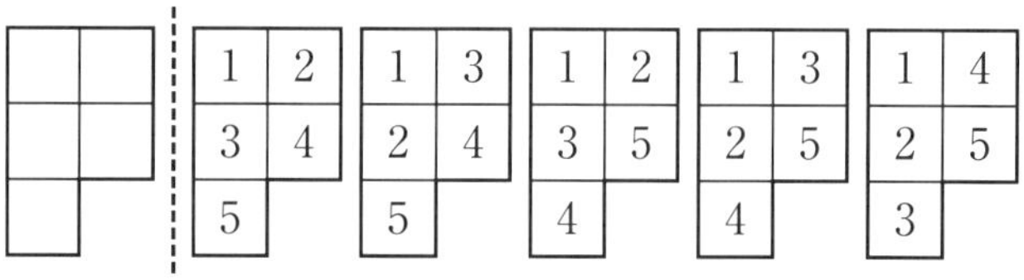

次のマス目B，C，Dに整数を書くとき，その書き方はそれぞれ何通りですか。

なお，下のマス目に書きこんで考えてもかまいません。　（兵庫・甲陽学院中）

(1)　マス目B

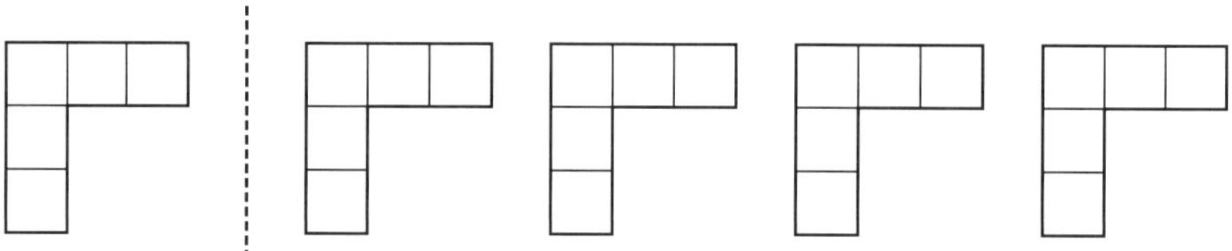

(2)　マス目C

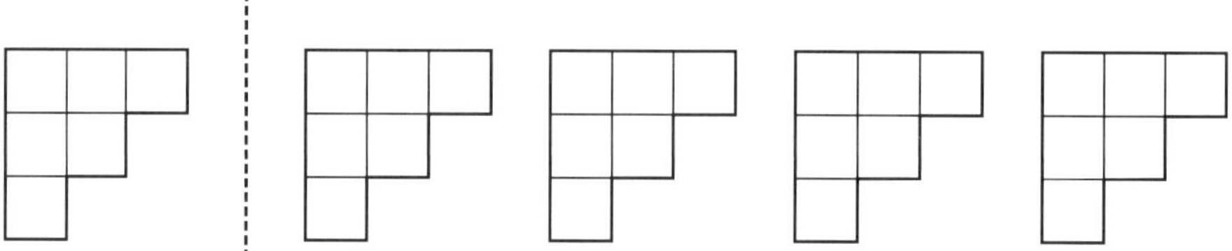

(3)　マス目D

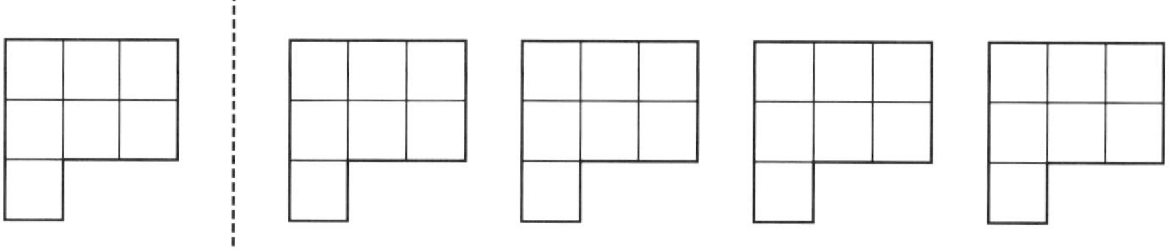

14 すごろく

入試傾向

中学入試の算数では，「現場対応力《げんばたいおうりょく》」を測《はか》るために「ていねいに書き出して調べることによって答えを出す」問題がよく出題されます。

「すごろく」をテーマにした問題は頻出《ひんしゅつ》ですが，ここでもやはり「サイコロの目の組み合わせ」を書き出して調べるのが学び方の第 1 歩となります。まずは，具体的に理解《りかい》することを心がけましょう。

さらに進んで，「例題」の別解や「入試問題にチャレンジ」の解《と》き方のように「発想の転換《てんかん》」ができるようになると，解法のはばが拡《ひろ》がります。

例題

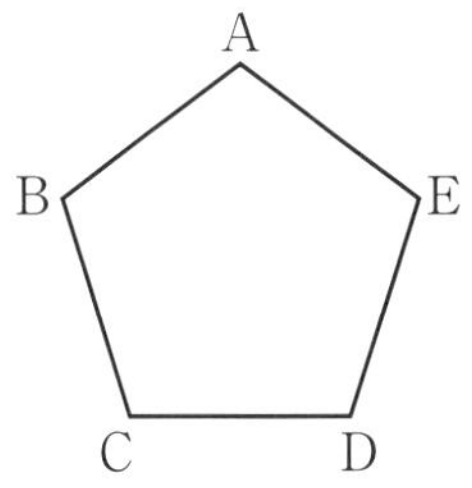

右の図のような正五角形 ABCDE があり，はじめに点 P は頂点《ちょうてん》 A にあります。サイコロを投げて，出た目の数だけ反時計回りに点 P をとなりの頂点へと進めます。この作業をくり返し，点 P が最初に頂点 A に止まったところで終了《しゅうりょう》します。

次の問いに答えなさい。

(1) 2 回サイコロを投げて終了するとき，サイコロの目の出方は何通りあるか求めなさい。

(2) 点 P がちょうど 1 周して終了しました。終了までに 3 回サイコロを投げたとき，サイコロの目の出方は何通りあるか求めなさい。

(3) 点 P がちょうど 1 周して終了しました。サイコロの目の出方は何通りあるか求めなさい。

(4) 点 P がちょうど 2 周して終了しました。途中《とちゅう》，点 P は頂点 C に 2 回止まりました。このとき，サイコロの目の出方は何通りあるか求めなさい。

解き方と答え

⑴ (1回目の目，2回目の目)と表すことにすると

・点Pが1周して終了《しゅうりょう》する場合，**サイコロの目の数の和は5**ですから，

(1，4)，(2，3)，(3，2)，(4，1)

の4通りです。

・点Pが2周して終了する場合，**サイコロの目の数の和は10**ですから，

(4，6)，(6，4)

の2通りです。

よって，サイコロの目の出方は全部で，$4+2=$**6(通り)** …答

⑵ (1回目の目，2回目の目，3回目の目)と表すことにして，すべて書き出すと，次のようになります。

(1，1，3)，(1，3，1)，(3，1，1)，(1，2，2)，(2，1，2)，(2，2，1)

以上より，**6通り**。…答

⑶ **サイコロを投げた回数で場合分けします**。

・1回のとき→5が出るしかないので1通り。

・2回のとき→⑴**の1周して終了する場合と同じ**で4通り。

・3回のとき→⑵より6通り。

・4回のとき→(1，1，1，2)，(1，1，2，1)，(1，2，1，1)，(2，1，1，1)の4通り。

・5回のとき→すべて1が出るしかないので1通り。

以上より，全部で

$1+4+6+4+1=$**16(通り)** …答

(別解《べっかい》)

1周するときにどの頂点《ちょうてん》に止まったかを決めればそのときのサイコロの目の出方も1通りに決まります。

例えば「BとDで止まり，CとEではとまらない」場合は，右の図のようになり，このときのサイコロの目の出方は(1，2，2)となります。

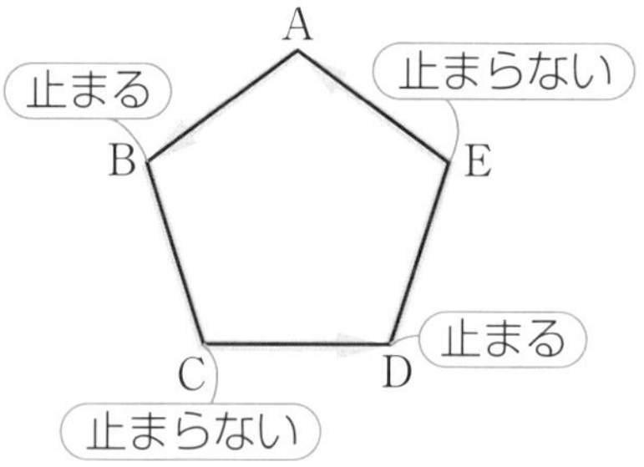

頂点B，C，D，Eのそれぞれにおいて「止まる」「止まらない」の2通りがありますから点Pがちょうど1周して終了するとき，サイコロの目の出方は

B　C　D　E
$2\times2\times2\times2=$**16(通り)** …答

と求めることができます。

(4) まず，1周目でCに止まるまでのサイコロの目の出方は

(2)，(1，1)の2通りです。

次に，もう1周してCに止まるまでのサイコロの目の出方は

(5)，(1，4)，(2，3)，(4，1)，(1，1，3)，(1，3，1)，(2，2，1)，(1，1，2，1)

の8通りです。

さらに，このあと進んでAに止まるまでのサイコロの目の出方は，

(3)，(1，2)，(2，1)，(1，1，1)

の4通りです。

以上より，求めるサイコロの目の出方は，全部で

$2\times8\times4=$ **64(通り)** …答

(別解)

(3)の別解と同様に考えて解《と》くこともできます。

点Pが2周するとき，途中《とちゅう》の頂点Aでは「止まらない」，Cでは「止まる」のそれぞれ1通り。

それ以外の頂点では「止まる」か「止まらない」の2通りがありますから

B　C　D　E　A　B　C　D　E

$2\times1\times2\times2\times1\times2\times1\times2\times2=$ **64(通り)** …答

（C：↑止まる　A：↑止まらない　C：↑止まる）

ポイント

解法の基本《きほん》は書き出すこと。場合分けして，条件《じょうけん》に合うようにていねいに書いて調べよう！

サイコロを投げる回数が限定《げんてい》されていない場合は，「止まる」か「止まらない」かの考え方が有効《ゆうこう》。

練習問題

解答 別冊 22 ページ

1 下の図のようなすごろくのマスがあります。はじめ，こまはスタートのマスに置かれていて，サイコロを投げて出た目の数だけ進み，ゴールにぴったり止まったとき，あがりとします。ゴールにぴったり止まれなかった場合は，あまった数だけ左にもどし，次に出た目の数だけ右に進めることにします。また，④のマスにピッタリ止まったときは，そのしゅん間にこまはスタートのマスにもどされるものとします。

スタート	①	②	③	④	⑤	⑥	ゴール

(1) サイコロを２回投げてあがりとなるサイコロの目の出方は全部で何通りありますか。

(2) １回目に奇数《きすう》の目が出たとき，３回目にあがりとなるサイコロの目の出方は全部で何通りありますか。

(3) サイコロを投げる回数が３回まででであがりとなるサイコロの目の出方は全部で何通りありますか。

入試問題にチャレンジ　制限時間 15分　解答 別冊 23 ページ

1 1から6までの目があるサイコロを使って下のようなすごろくをします。

スタート → 1 → 2 → 3 → 4 → 5 → ゴール

コマは最初スタートの位置にあり，1回サイコロを投げるたびに出た目の数だけコマを進め，ゴールにちょうどついたとき【あがり】とします。

ただし，コマがゴールにちょうど止まれずにこえてしまうときは，その投げた回は考えずに投げ直しをすることにします。

例えば，

1回目　5の目　→　5 に進む

2回目　3の目　→　投げ直し

再度《さいど》2回目　1の目　→　ゴール

この場合のサイコロの目の出方は，1回目に5の目，2回目に1の目が出て【あがり】と考えます。

（千葉・芝浦工大柏中）

(1) サイコロを何回か投げたところ，コマが 4 のマスに止まりました。このようなサイコロの目の出方は何通りありますか。ただし， 4 のマスに止まって以降《いこう》のことは考えないこととします。

(2) サイコロを何回か投げたところ，【あがり】となりました。このようなサイコロの目の出方は何通りありますか。

(3) すごろくを下のように， 4 のマスを 4.スタートにもどる(はじめて止まったときのみ) と作り変えました。

スタート → 1 → 2 → 3 → 4.スタートにもどる(はじめて止まったときのみ) → 5 → ゴール

このとき，【あがり】までのサイコロの目の出方は何通りありますか。

15 書きこみ方式で調べる

入試傾向

作業をしていく中で「一手前」から次の場合の数を考えていくという流行のテーマの中でも代表的な問題です。そして，「テクニックの理解《りかい》」と「ていねいな作業力」の両方を要求されるため，得点差《とくてんさ》のつきやすい問題です。めんどうがらずに，自分の手で場面ごとの図をかき，ひとつひとつていねいに数字を書きこんでいきましょう。

例題

次の問いに答えなさい。

⑴ 5つの点A，B，C，D，Eが右の図のように並《なら》んでいます。点Aを出発した星印が，毎秒1cmの速さで線上を休まずに進みます。A，Bでは進む向きを選べますが，C，D，Eでは折り返すことしかできません。また，5つの点以外では向きを変えられません。
Aを出発して，4秒後にAに到着《とうちゃく》するには何通りの行き方がありますか。

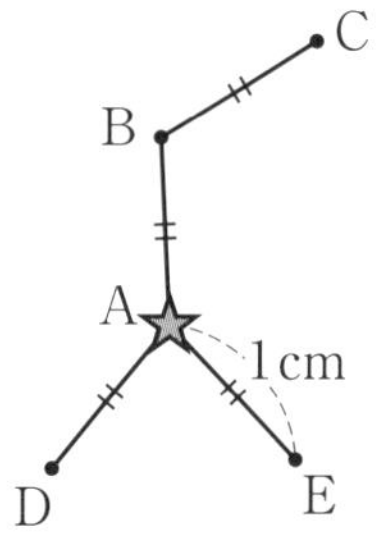

⑵ 右の図のような立方体ABCD－EFGHがあります。この立方体の辺上を動く点Pは1回の移動《いどう》でとなりのどの頂点《ちょうてん》にも移動することができます。例えば，2回の移動ではA→B→A，A→B→Cなどがあります。はじめに点Pが頂点Aにあるとき，5回の移動で，点Pが頂点Gにあるように移動する方法は何通りありますか。

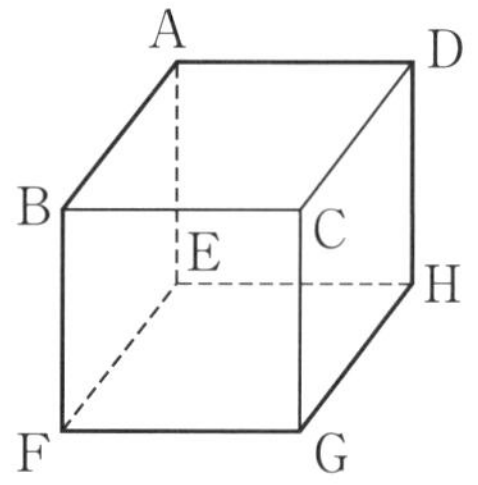

解き方と答え

⑴ Aを出発して1秒後に進むことができるのはB，D，Eの3つの点です。B，D，Eに行く方法は1通りずつありますから，B，D，Eに1と書きこみます(図1)。
2秒後のAは，1秒後のB，D，Eのそれぞれ1通りという結果を利用すると，1+1+1=3(通り)になりますから，Aに3と書きこみます。2秒後のCは1秒後のBが1通りなので，Cに1と書きこみます(図2)。
同じようにして，**1秒前の場合の数をもとに考えていきます**。

3 秒後の B は，2 秒後の A が 3 通り，C が 1 通りなので，3+1=4(通り) より，4 と書きこみます。

3 秒後の D と E は，2 秒後の A が 3 通りなので 3 と書きこみます(**図3**)。

4 秒後の C は，3 秒後の B が 4 通りなので 4，4 秒後の A は，3 秒後の B が 4 通り，D が 3 通り，E が 3 通りなので

4+3+3=**10**(**通り**) …答

図１
1秒後

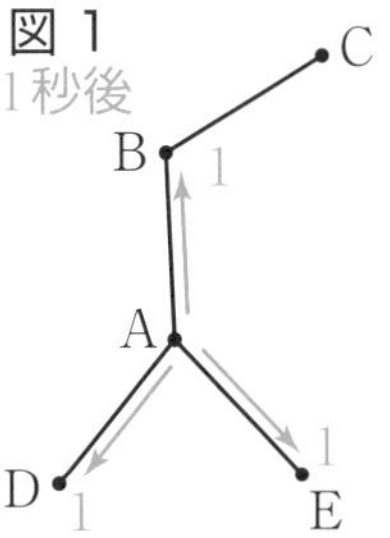

図２
2秒後

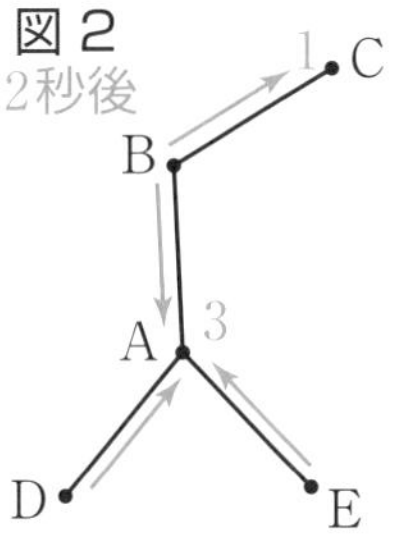

図３
3秒後

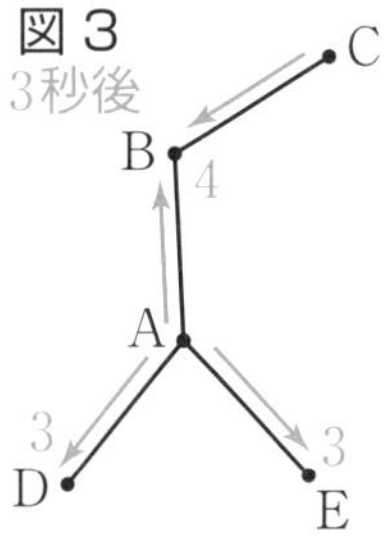

図４
4秒後

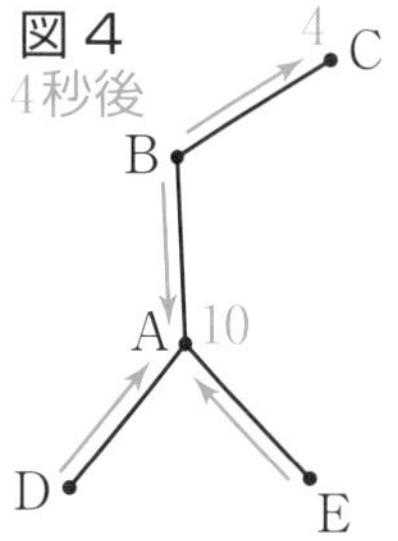

(2) (1)と同じようにして，点 P が 1 回移動するごとに各頂点への移動の仕方が何通りあるかを書きこむと，下の図のようになります。

(1回目)

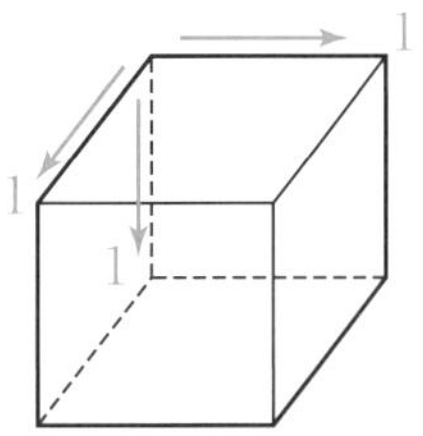

(2回目)

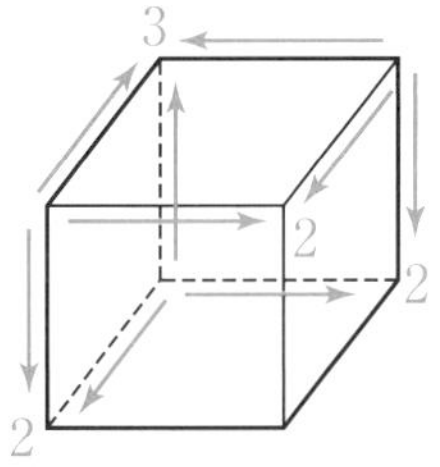

(3回目)

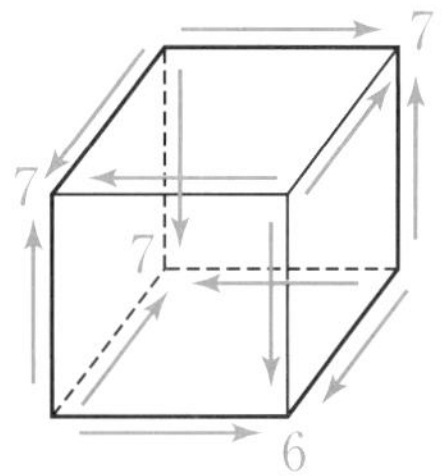

(4回目)

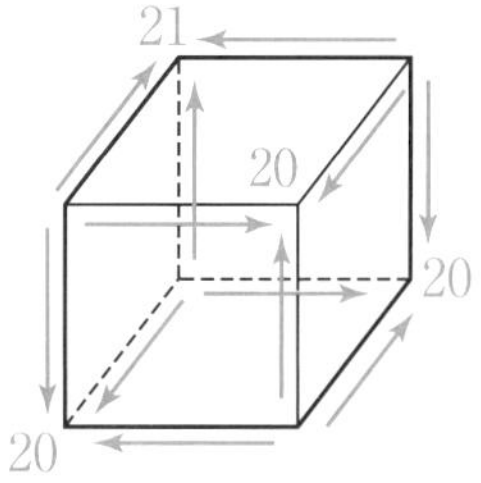

4 回の移動で点 P が頂点 C，F，H にあるように移動する方法は，どれも 20 通りであることがわかりますから，5 回の移動で点 P が頂点 G にあるように移動する方法は

20×3=**60**(**通り**) …答

ポイント

場合の数の問題では，1 つ前の結果を利用して，次の結果を導《みちび》く方法がよく使われる。

(1つ前の状態《じょうたい》)

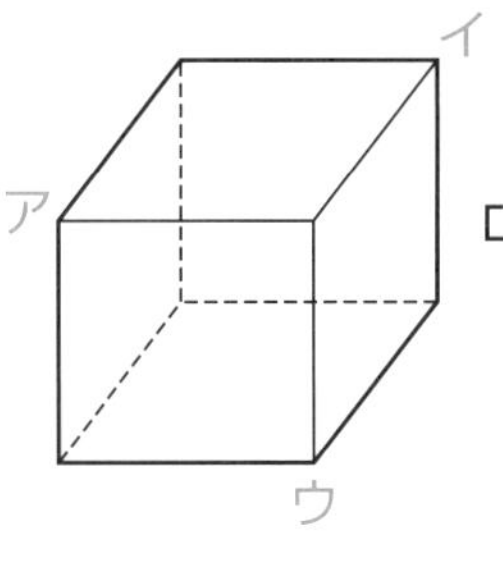

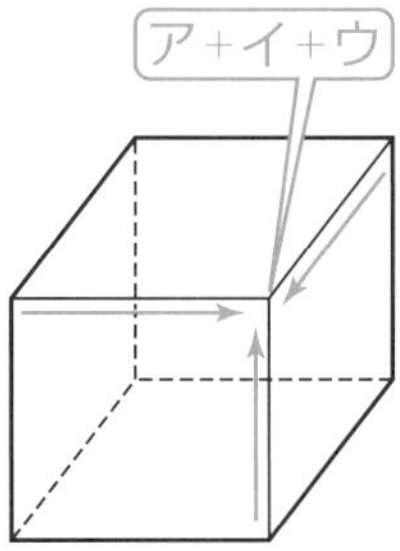

練習問題

解答 別冊23ページ

1 図のように，同じ大きさの正三角形を８つ組み合わせてできる立体があります。この立体の辺の上を次のように動く点Ｐがあります。

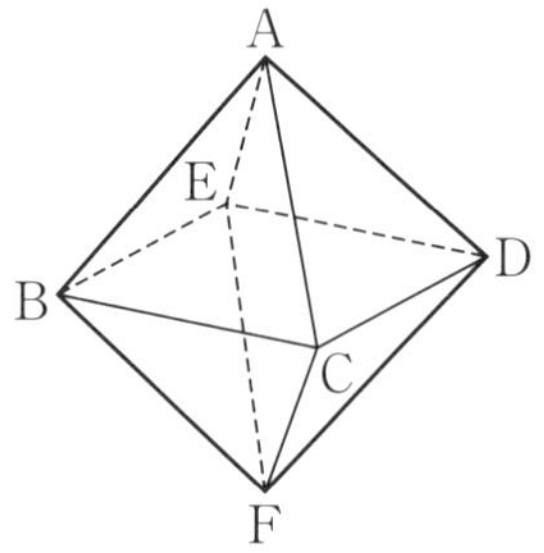

・はじめは点Ａにいる。
・１秒ごとに１つの辺を通って，となりの点に移動《いどう》する。
・同じ点，同じ辺を何度も通ることができる。

例えば，Ｐが２秒後に点Ｂにいるような道順は

Ａ→Ｃ→Ｂ，Ａ→Ｅ→Ｂ　の２通りです。次の問いに答えなさい。

(1) Ｐが３秒後に点Ｂにいるような道順が何通りかを次のように考えます。次の空らん[ア]～[オ]に当てはまる数を答えなさい。

> Ｐが３秒後に点Ｂにいるような道順のうち，
> ２秒後に点Ａを通る道順は[ア]通り，２秒後に点Ｃを通る道順は[イ]通り，
> ２秒後に点Ｅを通る道順は[ウ]通り，２秒後に点Ｆを通る道順は[エ]通り
> である。よって，Ｐが３秒後に点Ｂにいるような道順は全部で[オ]通りである。

(2) Ｐが３秒後に点Ｆにいるような道順は何通りですか。

(3) Ｐが４秒後に点Ｆにいるような道順は何通りですか。

(4) Ｐが５秒後に点Ｆにいるような道順は何通りですか。

入試問題にチャレンジ

制限時間 15分　解答 別冊 24 ページ

1 三角すい ABCD の頂点《ちょうてん》 A に点 P があり，点 P は 1 秒ごとに他の頂点に移動します。例えば，2 秒後に点 P が頂点 A にある移動の仕方は全部で 3 通りです。次の問いに答えなさい。 （東京・早稲田中）

(1) 3 秒後に点 P が頂点 A にある移動の仕方は全部で何通りありますか。

(2) 4 秒後に点 P が頂点 A にある移動の仕方は全部で何通りありますか。

(3) 5 秒後に点 P が頂点 A にある移動の仕方は全部で何通りありますか。

(4) 9 秒後に点 P が頂点 A にある移動の仕方のうち，3 秒後に頂点 B にあり，6 秒後に頂点 A にある移動の仕方は全部で何通りありますか。

著者紹介

粟根秀史（あわね ひでし）

教育研究グループ「エデュケーションフロンティア」代表。大学在学中より塾講師を始め，40 年以上に亘り中学受験の算数を指導。SAPIX 小学部教室長，私立さとえ学園小学校教頭を経て，現在は算数教育の研究に専念する傍ら，教材開発やセミナー・講演を行っている。また，独自の指導法によって数多くの「算数大好き少年・少女」を育て，「算数オリンピック金メダリスト」をはじめとする「算数オリンピックファイナリスト」や灘中，開成中，桜陰中合格者等を輩出している。『中学入試 最高水準問題集 算数』『中学入試 速ワザ算数シリーズ』『中学入試 分野別集中レッスン 算数シリーズ』（いずれも文英堂）等著作多数。

□ 執筆協力　橋本隆祐　山口雄哉
□ 編集協力　㈱エスト出版　田中浩子　河本真一
□ 本文デザイン　武田紗和（フレーズ）
□ 図版作成　㈲デザインスタジオ エキス.

シグマベスト
中学入試　新傾向集中レッスン
算数　ルールの問題
[ルールの把握・規則性・場合の数]

著　者　粟根秀史
発行者　益井英郎
印刷所　中村印刷株式会社
発行所　株式会社文英堂
〒601-8121　京都市南区上鳥羽大物町28
〒162-0832　東京都新宿区岩戸町17
（代表）03-3269-4231

●落丁・乱丁はおとりかえします。

BEST シグマベスト

中学入試

新傾向 集中レッスン

算数 ルールの問題

ルールの把握

規則性

場合の数

解答集

文英堂

1 数のパズル

練習問題　問題 本冊 6 ページ

1 A＝**9**，B＝**2**，C＝**3**，D＝**6**，E＝**1**

2 (1) **26**

　(2) ア…**6**　　イ…**5**

解き方

1 A と E の差は 8 ということから，(A, E) は (1, 9) か (9, 1) とわかります。それぞれの場合について，書かれている差をもとに次々に当てはまる数を入れていくと，下の図のようになります。

(A, E)＝(1, 9) の場合

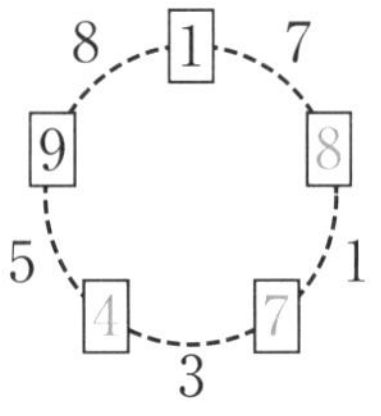

⇩

5 つの数の合計は

$1+8+7+4+9$

$=29$ ←×

(A, E)＝(9, 1) の場合

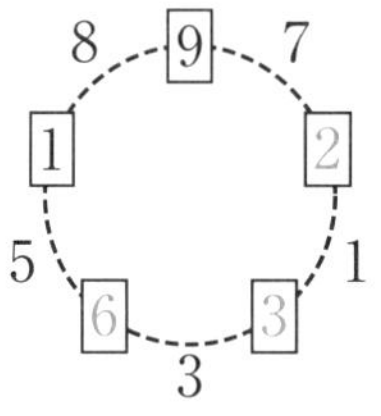

⇩

5 つの数の合計は

$9+2+3+6+1$

$=21$ ←○

以上より，(A, E)＝(9, 1) の場合が条件《じょうけん》をすべて満たしていることがわかりますから，

A＝**9**，B＝**2**，C＝**3**，D＝**6**，E＝**1**

2 (1) 下の図のように一直線上に並《なら》んだ 4 つの数の和が全部で 6 つあり，この 6 つ分の合計を考えると 1 から 12 までの整数がそれぞれ 2 回ずつカウントされることがわかります。

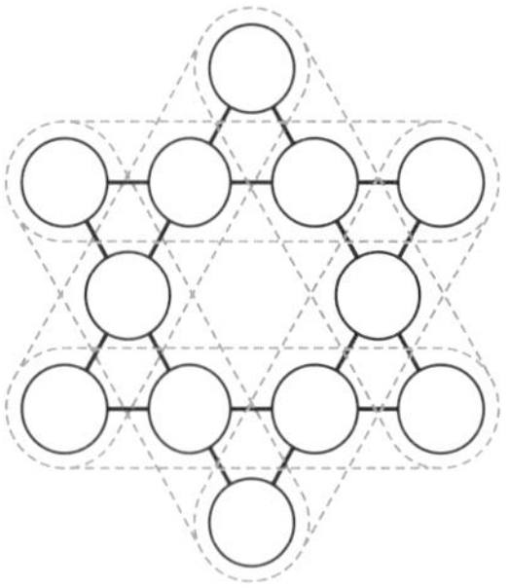

$(1+2+3+4+\cdots+12)\times 2$

$=(1+12)\times 12\div 2\times 2$

$=156$

よって，一直線上に並んだ 4 つの数の和は

$156\div 6=$ **26**

(2) 図 1 の色の線で囲《かこ》んだ 4 つの数の和は 26 ですから

ア＋**ウ**＝$26-(11+7)=8$

となります。

図 1

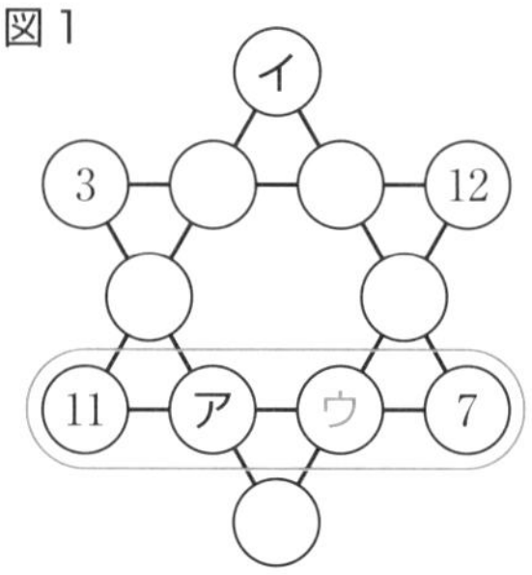

2 つの数の和が 8 になるのは $1+7$，$2+6$，$3+5$ の 3 通りが考えられますが，3 と 7 はすでに使われているので，$2+6$ にしぼられます。

よって，**ア**は 2 か 6 のどちらかです。

ここで，図 2 の色の線で囲んだ部分で，**仮《かり》にア＝2 とすると**

エ＋**オ**＝$26-(3+2)=21$

となります。

図 2

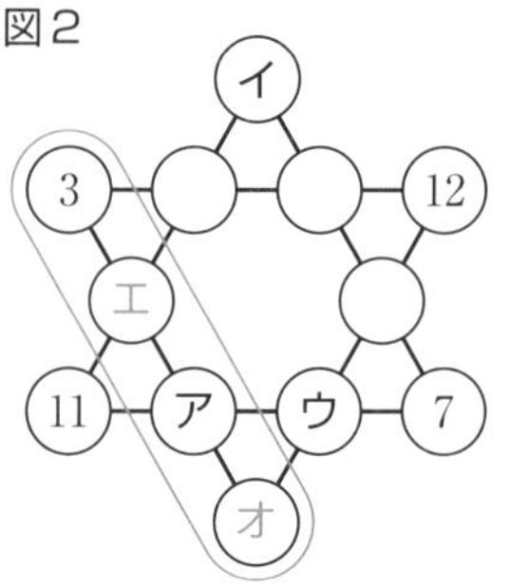

2 つの数の和が 21 になるのは，$9+12$，$10+11$ の 2 通りが考えられますが，11，12 はすでに使われているので成立しません。

したがって，**ア**＝**6**，**ウ**＝2 とわかります。

このとき，**エ**＋**オ**＝$26-(3+6)=17$ となります。

$5+12$，$6+11$，$7+10$，$8+9$ の 4 通りのうち，すでに使われている数を除《のぞ》くと $8+9$ にしぼられます。よって，**オ**は 8 か 9 のどちらかです。

図３の色の線で囲んだ部分で，**オ＝8 とすると**

カ $=26-(8+2+12)=4$

と決まります。

図３

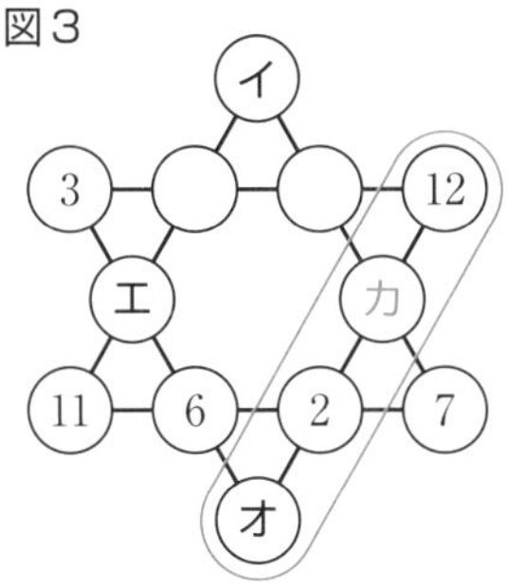

（**オ**＝9 としたときは，**カ**＝3 となり，3 はすでに使われていますから成立しません）

図４の色の線で囲んだ部分で

キ＋ク $=26-(3+12)=11$

図４

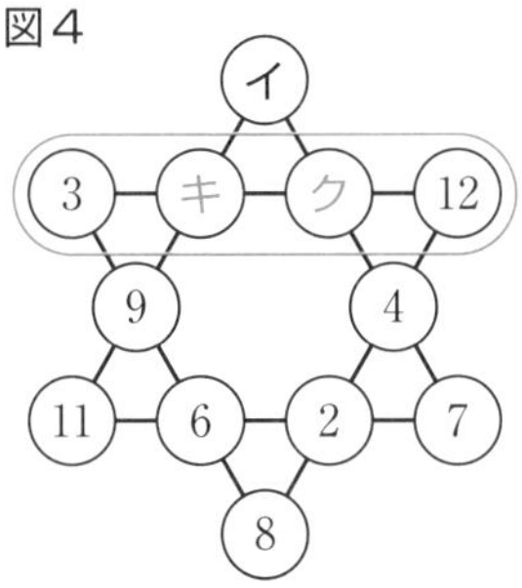

1＋10，2＋9，3＋8，4＋7，5＋6 のうち，まだ使われてない数だけの和は，1＋10 となります。以上より，1〜12 の数のうち残っている数は 5 だけなので，**イ＝5** とわかります。

入試問題にチャレンジ

問題 本冊７ページ

1 (1) **14**　(2) **21**

2 (1) **24**　(2) **7**

解き方

1 (1) 中央の３つの○はたがいに線で結ばれているので，どれも異《こと》なる数になります。

よって，次の図のように点線部分に 1，2，3 を入れると，残りの○にできるだけ大きい数を入れるので，求める合計は

$1+2+3+3+3+2=$ **14**

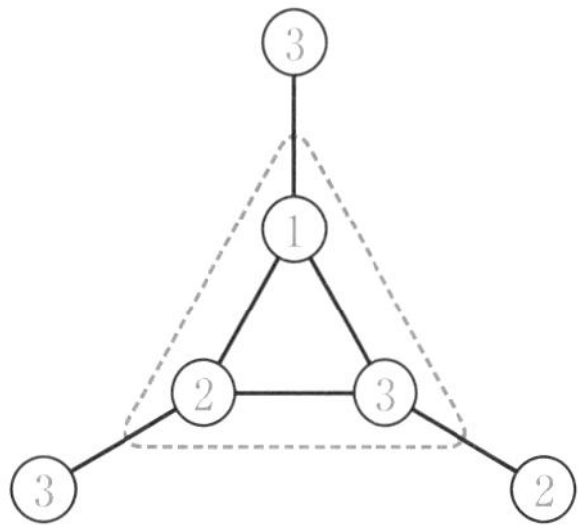

(2) 3 をできるだけ多く入れることになりますから，下の図のようになります。よって，求める合計は

$1+2+3\times6=$ **21**

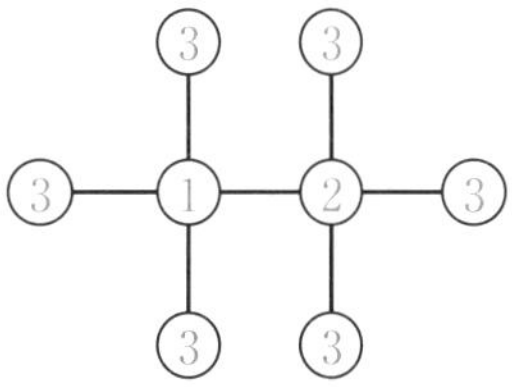

2 (1) まず，左はしの円に着目すると，

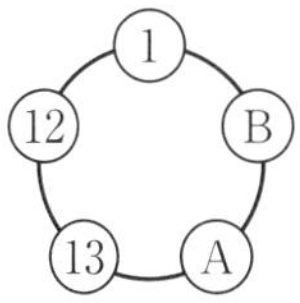

$A+B+1+12+13=40$ より，

$A+B=14$ とわかります。

次に，左から２番目の円に着目すると，

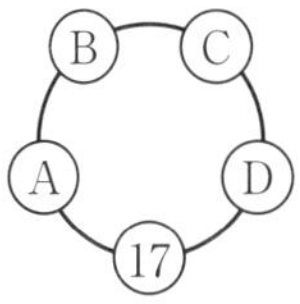

$A+B+C+D+17=40$ より，

↑ 14

$C+D=9$ とわかります。

左から３番目以降《いこう》の円も同様にして，次々に求めていくと

$E+F=16 \rightarrow G+H=8 \rightarrow I+J=$ **24**

とわかります。

(2) 1〜17 の数のうち，1，8，12，13，15，16，17 はすでに書かれてありますから，**A〜J に当てはまる数は，残りの 2，3，4，5，6，7，9，10，11，14 の 10 個《こ》の数です。**

このうち，２つずつ選んで(1)で求めた２数の和を考えると，それぞれ次のようになります。

$A+B=14 \rightarrow 3+11$，$4+10$，$5+9$ の３通り。

$C+D=9 \rightarrow 2+7$，$3+6$，$4+5$ の３通り。

$E+F=16 \rightarrow 2+14$，$5+11$，$6+10$，$7+9$ の４通り。

$G+H=8 \rightarrow 2+6$，$3+5$ の２通り。

$I+J=24 \rightarrow 10+14$ の１通り。

I＋J＝24 で 10 と 14 を使っていることから，
A＋B＝4＋10，E＋F＝2＋14，6＋10 を除きます。
4 が現《あらわ》れるのは C＋D＝9 で 4＋5 の場合だけに
なり，1 通りに決まります。
よって，E，F に 5 は使えないので，
E＋F＝16 では 7＋9 の 1 通りに決まります。
E よりも F の方が大きいことから，E は **7** と
決まります。

2 数の操作《そうさ》①

練習問題

問題 ▶ 本冊 10 ページ

1 (1) ア…3　　イ…6
(2) B → A → A → B

解き方

1 (1) 4 回の作業を行うと次のようになります。
（**数字の場所だけ考えればよい**ので，数字の向きを正確《せいかく》に書く必要はありません）

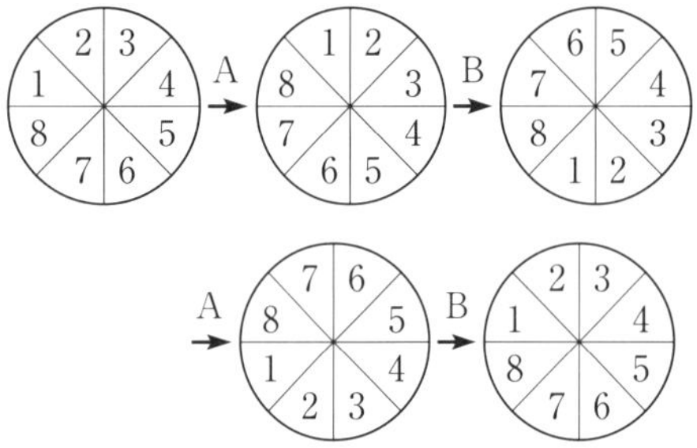

以上より，**ア**は **3**，**イ**は **6**

(2) 数字の向きが同じなので，4 回の作業のうち，B を行った回数は 2 回か 4 回になりますが，4 回だと**図 1** の状態《じょうたい》にもどるので，2 回です。また，2 回連続して B を行うともとにもどるため，結果として A を 2 回だけ行ったことと同じになりますが，問題の図は A を 2 回だけ行った結果とは異なります。
よって，問題の作業として考えられる順番は「A → B → A → B」，「B → A → B → A」，「B → A → A → B」の 3 通りです。
「A → B → A → B」は(1)で作業を行っていますから，残り 2 つの順番で作業を行ってみます。

・B → A → B → A の場合

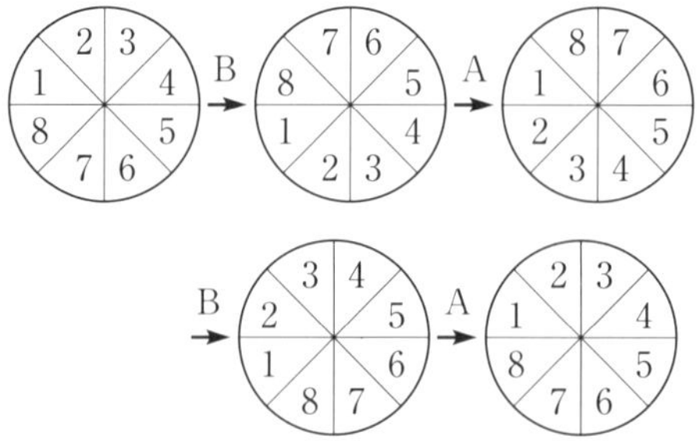

・B → A → A → B の場合

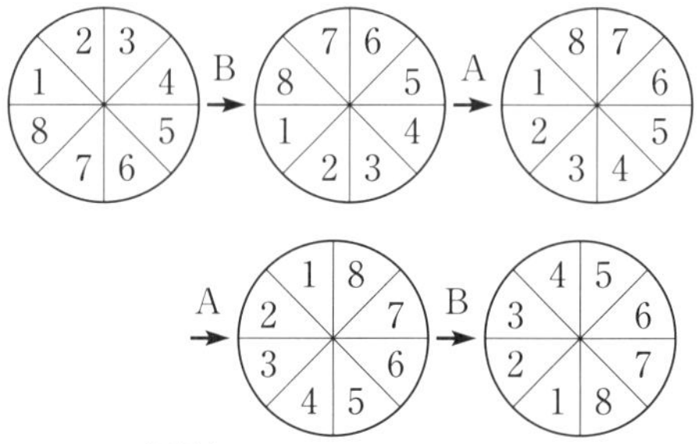

以上より，条件《じょうけん》に合う順番は，B → A → A → B

入試問題にチャレンジ

問題 ▶ 本冊 11 ページ

1 (1)

10	1
10	10

(2) A → C → A → A
(3) B → D → B → A → D
(4) A → D → B → B → D → A

解き方

1 A ～ D のそれぞれの操作で，どのマスにどのような計算をするかをまとめると，次のようになります。

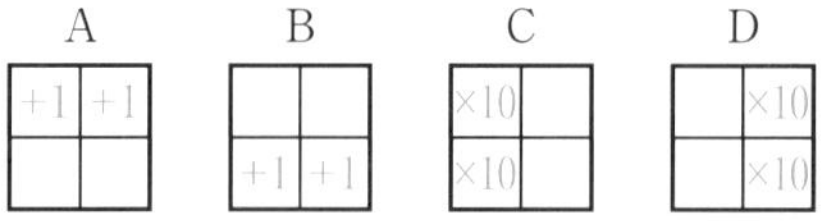

(1) マスの数は次のように変化します。

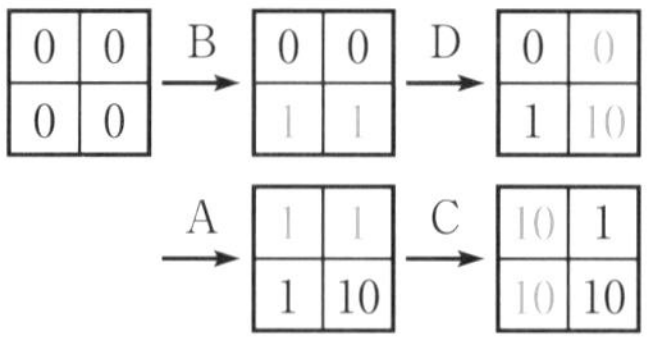

(2) まず，最後の左上のマスが 12 より，C の操作で 10 倍されたあとに 1 を 2 回たしたと考えら

れますから，3 回目，4 回目の操作はともに A であることがわかります。よって，次のように変化しています。

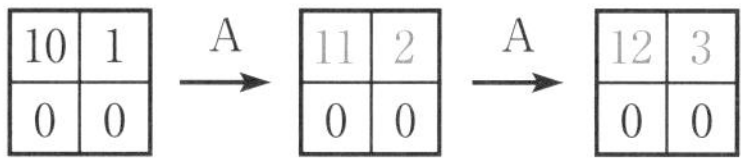

次に，下の 2 マスはともに 0 なので B の操作は 1 度も行われていないことがわかります。また，右上のマスを見ると，A の操作が 1 度行われたことがわかります。よって，1 回目，2 回目の操作は次のようになります。

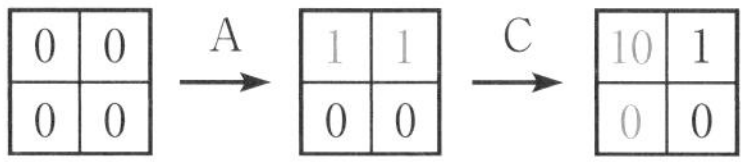

よって，求める順番は A → C → A → A

(3) B → D → A → B → D の順に操作を行うと次のようになります。

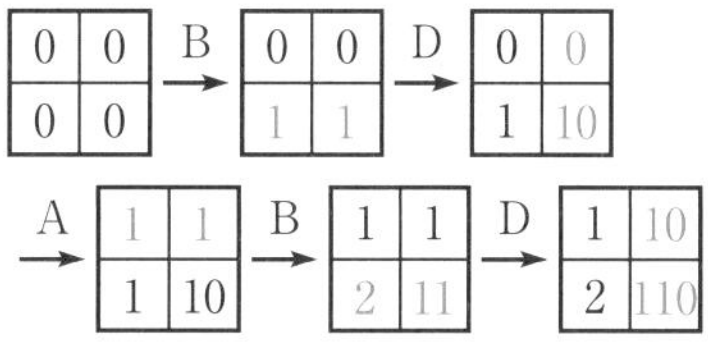

D の操作で 10 倍する順番を変えると，結果も変わってしまいます。しかし，次のように 2 回の D の操作の間の A の操作と B の操作を入れかえても，結果は変わりません。

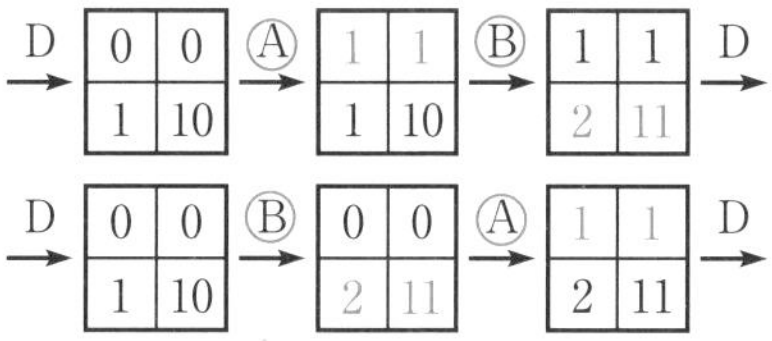

よって，求める順番は

B → D → B → A → D

(4) まず，最後の右上のマスが 101 より，6 回目の操作は A で 1 をたし，5 回目の操作は D で 10 倍したと考えられます。

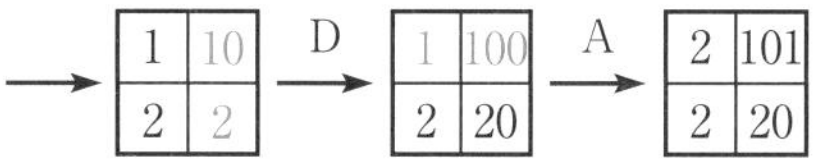

次に，下の 2 マスをどちらも 0 にもどすには，4 回目，3 回目の操作はどちらも B にすればよいことがわかります。

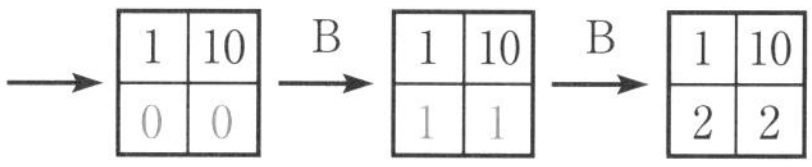

残りの操作は 2 回目が D，1 回目が A とわかります。

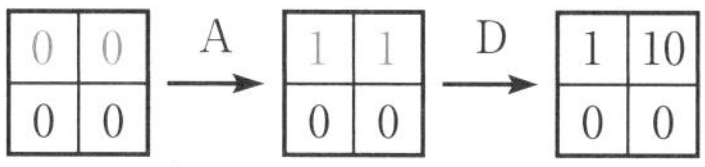

よって，求める順番は

A → D → B → B → D → A

3 数の操《そう》作《さ》②

練習問題 問題 本冊 14 ページ

1 (1)

13	20
27	20

(2) ア…1273　　イ…1287

(3) 10 回

解き方

1 まず，問題文の例について，実際《じっさい》に作業して，操作のルールを正確《せいかく》にとらえておきましょう。

問題文の例

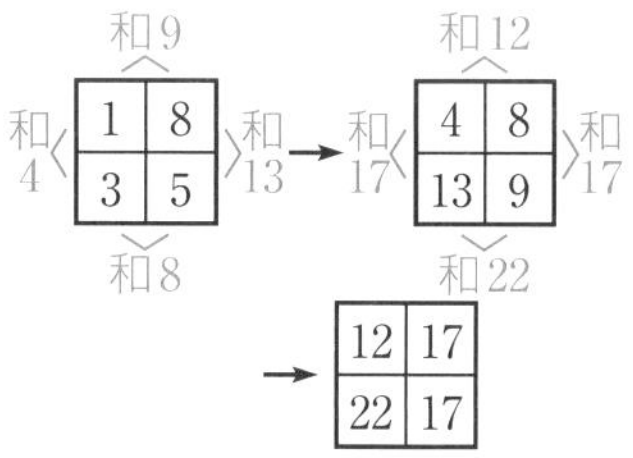

(1) ルールにしたがって操作を行うと次のようになります。

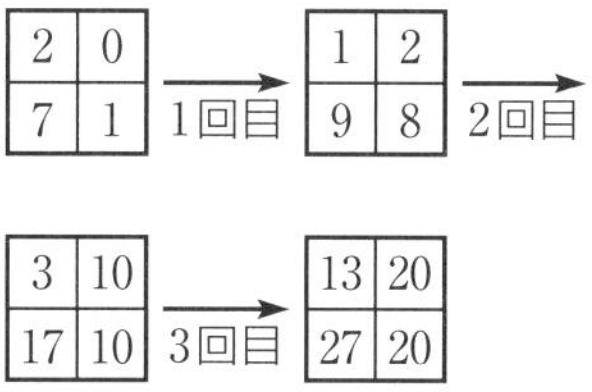

(2) (1) から，さらに操作を続けてみます。

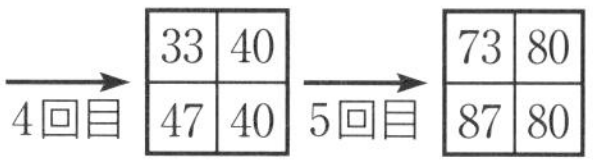

操作2回目を行ったあとからは，**右側の上下2マスにある等しい2つの数は1回の操作で2倍になり，左上は右より7だけ小さく，左下は右より7だけ大きくなっている**ことがわかります。

以上より，ア＝1280－7＝**1273**

イ＝1280＋7＝**1287**

(3) **1回の操作で，各マスの数はどれも2個《こ》ずつ加えられますから，マスの数の合計は2倍になります**。最初に書かれた数の合計は10ですから，

10240÷10＝1024

より，1024倍になっています。

1024は2を10回かけた数ですから，求める回数は**10回**。

> 2を10回かけ合わせた数が1024になることは覚えておくと便利です。
>
> $\underbrace{2\times2\times2\times2\times\cdots\times2}_{10個}=1024$

入試問題にチャレンジ

問題 本冊15ページ

1 (1) **81**

(2) **243**

(3) **18**

解き方

1 (1) 実際に操作を2回行うと，次のようになります。

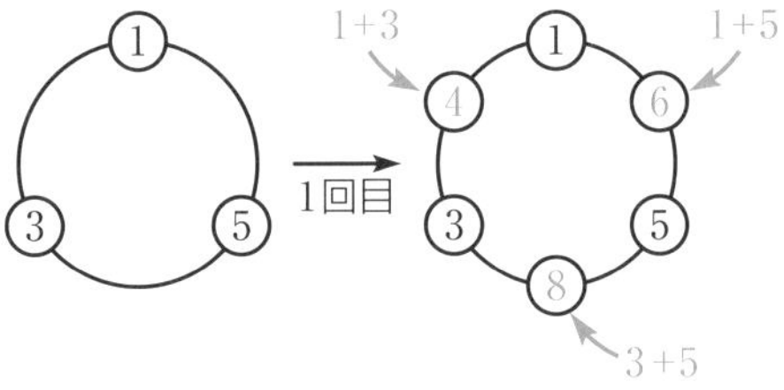

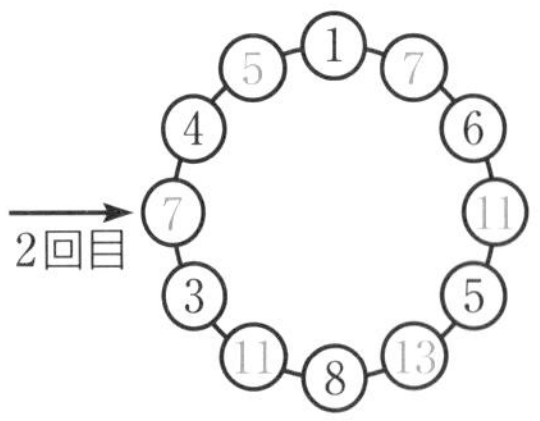

2回目のあとの12個の数を合計すると，81になります。

(2) はじめの3個の数の和は9，1回目のあとの6個の数の和は27になります。

操作の回数	0	1	2	3
書かれた数の和	9	27	81	□

×3　×3　×3

上の表より，**次々と3倍になっている**ことが読み取れます。それぞれの玉に書かれた数は，次の操作のあと，元の玉と両どなりに新しく追加された玉の計3回分たされることからわかります。

よって，求める数の和は

81×3＝**243**

(3) 操作を4回行ったので，数の和ははじめの状《じょう》態《たい》の

3×3×3×3＝81（倍）

になっています。

よって，はじめの数の和は

1620÷81＝20

したがって，求める数は，

20－（1＋1）＝**18**

4 数の操作《そうさ》③

練習問題

問題 本冊18ページ

1 (1) **7回目**

(2) **5，7，18，24，26，81**

(3) **元の数…82　計算の回数…14回**

解き方

1 (1) ルールを確認《かくにん》する設問《せつもん》です。

①　②　③　④　⑤　⑥　⑦

19→20→21→7→8→9→3→1

よって，**7回目**です。

(2) ㋐，㋑それぞれの逆《ぎゃく》の操作を確認して，最後の1から順に操作をもどしていく樹形図《じゅけいず》をかいて調べます。

㋐3でわる→3をかける

㋑1を加える→1をひく

（ただし，1をひいたものが3の倍数や1になることはないので，3でわって1あまる数や2に対しては，この操作はしません。）

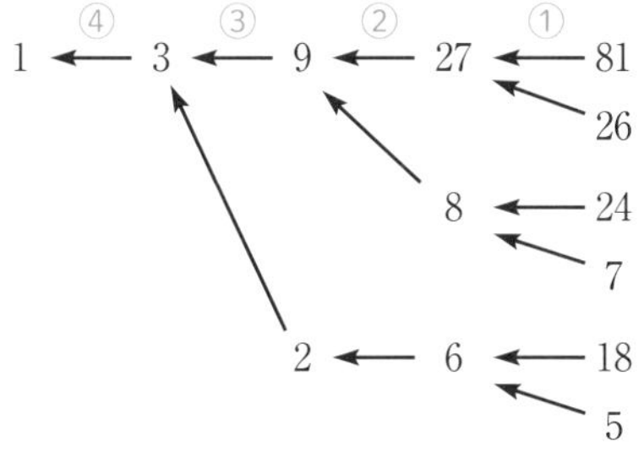

よって，4回の計算で1になるような元の数をすべて求めると

5，7，18，24，26，81

(3) **計算の回数を多くするには，1からもどしていくときに，「1をひく」操作をできるだけ多く行う必要があります**。このことに注意してもどしていくと次のようになります。

1→3→2→6→5→4→12→11→10→30
→29→28→84→83→82

となり，14回です。

入試問題にチャレンジ

問題 本冊19ページ

1 (1) $a=2$，$b=3$

(2) 最大…120　　最小…71

(3) $a=6$，$n=191$

解き方

1 (1)

(B)　(B)　(B)　(A)　(A)

56→28→14→7→3→1

より，$a=2$，$b=3$です。

(2) Ⓐ，Ⓑそれぞれの逆の操作を確認すると，次のようになります。

Ⓐ1をひいて2でわる→2をかけて1をたす

Ⓑ2でわる→2をかける

これより最後の1から順に操作をもどしていく樹形図を途中《とちゅう》までかいて調べると次のようになります。

これより下にいくほど数が小さくなっていることがわかります。

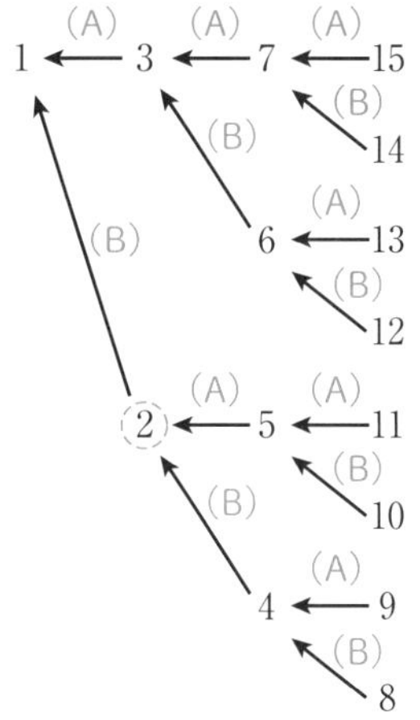

よって，**最大の整数は，まずⒶの逆の操作を3回，次にⒷの逆の操作を3回行った数になりますから**，逆にたどって求めていくと

(A)　(A)　(A)　(B)　(B)　(B)

1←3←7←15←30←60←120

また，**最小の整数は，まずⒷの逆の操作を3回，次にⒶの逆の操作を3回行った数になりますから**，逆にたどって求めていくと

(B)　(B)　(B)　(A)　(A)　(A)

1←2←4←8←17←35←71

(3) Ⓐだけを行ったとすると

(A)　(A)　(A)　(A)　(A)　(A)　(A)

1←3←7←15←31←63←127←255

200以上↑

より，aの値《あたい》として最も大きい数は$a=6$とわかります。

これより，127はⒶを6回行うことで1になりますが，**200より小さい数でこれより大きくなるものが存在《そんざい》するかを調べる必要があります。**

つまり，Ⓐを6回行うことで2（(2)の樹形図の◌で囲《かこ》んだ数）になる数を調べてみます。

(B)　(A)　(A)　(A)　(A)　(A)　(A)

1←2←5←11←23←47←95←191

これより，最も大きい数は，Ⓐを6回，Ⓑを1回行うことで1となる191であることがわかります。

5 数の推理《すいり》

練習問題 問題▶本冊 23 ページ

1 (1) **3 通り**

(2) **(1, 5, 11), (3, 5, 13)**

解き方

1 (1) **D 君の発言を言いかえると**

「A 君のカードの数と B 君のカードの数の 2 倍をたすと，C 君のカードの数と等しい」

となります。

また，A 君のカードの数が最小なので，3 人のカードの数の大小関係は，A<B<C です。

以上の関係から，**A 君のカードに 1 から順に数を当てはめて調べます**。

・A＝1，B＝2 のとき，C＝1＋2×2＝5

・A＝1，B＝3 のとき，C＝1＋3×2＝7

・A＝1，B＝4 のとき，C＝1＋4×2＝9

・A＝1，B＝5 のとき，C＝1＋5×2＝11

・A＝1，B＝6 のとき，C＝1＋6×2＝13

A＝2，A＝3 のときも同様に調べて整理すると，下の表のようになります。

A 君	B 君	C 君	
1	2	5	
	3	7	
	4	9	
	5	11	←(ア)
	6	13	←(イ)
2	3	8	
	4	10	
	5	12	
3	4	11	←(ア)
	5	13	←(イ)

A＝4 以上のときは成り立ちません。よって，A 君のカードの数字として考えられるものは，1, 2, 3 の **3 通り**。

(2) **例えば，C 君の持っているカードの数字が 5 だとすると**，上の表より，(A, B, C) の組み合わせは (1, 2, 5) しかないので，この場合，B 君と C 君は同時に 3 人のカードの数字がわかるはずです。

同様に，C 君のカードの数字が 7, 8, 9, 10, 12 の場合も，(1)の表より，(A, B, C) の組み合わせは 1 通りに決まるので，C 君は 3 人のカードの数字がわかるはずです。

よって，C 君のカードの数字は，(1)の表の「(ア) の 11」または「(イ) の 13」のどちらかになります。C 君の「1 通りには決まらない」という発言を聞いた B 君は，C 君のカードの数字が 11 か 13 であることに気付きますが，B 君もまた「1 通りには決まらない」と言います。

もしも B 君のカードの数字が 4 か 6 であるなら，(A, B, C) の組み合わせは，(1)の表より，(3, 4, 11)，(1, 6, 13) と決まるはずです。つまり，B 君のカードの数字は 5 とわかりますから，このとき，A 君も C 君も自分のカードの数字と合わせて判断《はんだん》することによって，(A, B, C) の組み合わせを 1 通りに決めることができます。

よって，(A, B, C) として考えられるのは

(1, 5, 11)，(3, 5, 13)

入試問題にチャレンジ 問題▶本冊 24 ページ

1 (1) **4，6，12**

(2) **5，7**

(3) **3 と 4**

解き方

1 (1) **例えば，A さんのカードの数が 5 であるとすると**，2 つの目は 1 と 5 とすぐわかります。しかし，**6 であるとすると**，1 と 6，2 と 3 と 2 数の積の表し方が 2 通りあり，すぐにわかりません。このような数を調べていくと

1×4＝2×2＝4

1×6＝2×3＝6

2×6＝3×4＝12

のいずれかであることがわかります。よって，A さんのカードに書いてあったと考えられる

数字は，4，6，12

⑵⑴の結果から，考えられる数の和を調べていくと

1＋4＝5，2＋2＝4，1＋6＝7

2＋3＝5，2＋6＝8，3＋4＝7

となります。

もしも，Bさんのカードの数が4か8であればBさんの方が先に当てることができるはずです。

よって，Bさんのカードに書いてあったと考えられる数字は，**5，7**

⑶ **Aさんのカードの数が6であるとすると**，2つの目の和は5か7となり，Aさんが当てることはできません。よって，Aさんのカードには，4か12が書いてあることがわかります。

Aさんのカードの数が4のとき，Bさんのカードの数は5になります。

Aさんのカードの数が12のとき，Bさんのカードの数は7になります。

最後のBさんの発言の下線部③より，Aさんのカードの数は12とわかり，サイコロの目は**3と4**になります。

6 交点と分割《ぶんかつ》

練習問題 問題 本冊28ページ

1 ⑴ 交点…**12個《こ》**

　分けられる部分…**14個**

⑵ 交点…**90個**

　分けられる部分…**92個**

解き方

1 ⑴ まず，交点の個数を求めます。

3個目の円から順に考えていきましょう。2個の円がかかれているとき，交わる点は2個です。そこに3個目の円をかくと交わる点が4個増《ふ》えるので，全部で

2＋4＝6（個）

4個目の円をかくと交わる点が6個増えるので，全部で

6＋6＝**12（個）**

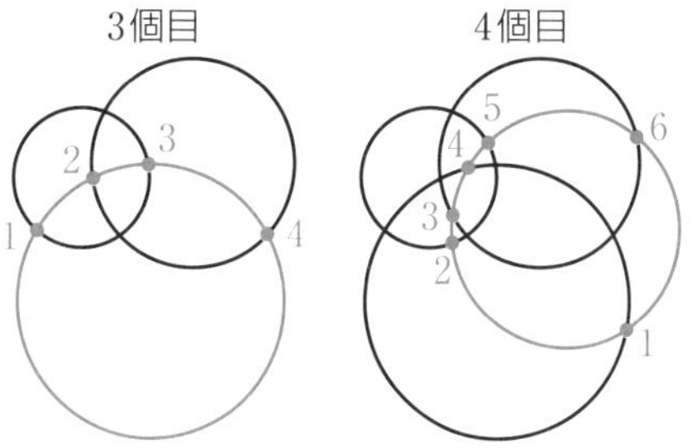

次に何個の部分に分けられるかを求めます。

この場合も，3個目の円から順に考えていきましょう。2個の円がかかれているとき，4個の部分に分けられます。そこに3個目の円をかくと分けられる部分は4個増えるので，全部で

4＋4＝8（個）

4個目の円をかくと分けられる部分が6個増えるので，全部で

8＋6＝**14（個）**

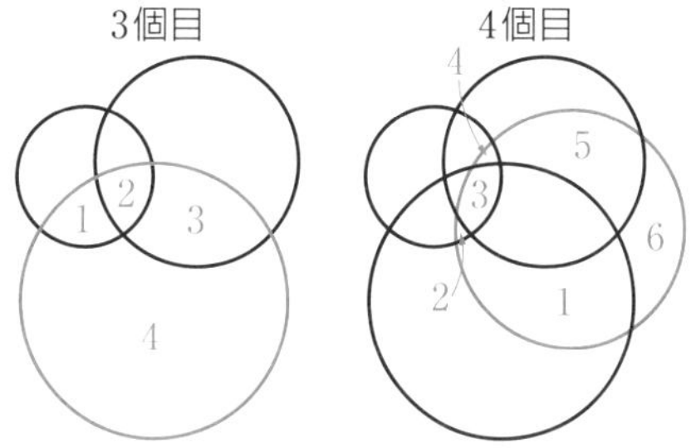

⑵⑴で求めた結果をもとに表に整理すると，次のようになります。

交点の個数

円の個数	1	2	3	4	…
交点の個数	0	2	6	12	…

＋2　＋4　＋6

円が3個のとき，交点の個数は

2＋4＝6（個）

円が4個のとき，交点の個数は

2＋4＋6＝12（個）

となっています。

よって，円が10個のときは

2＋4＋6＋8＋10＋12＋14＋16＋18

＝2×（1＋2＋3＋⋯＋9）

＝2×45

＝**90（個）**

増え方の理由

例えば，下の図のように4個目の円をかくと，新しくできる交点は，すでにあった3つの円と交点が2つずつ(図の○，□，△マーク)になります。よって，合計で，$2\times3=6$(個)増えます。

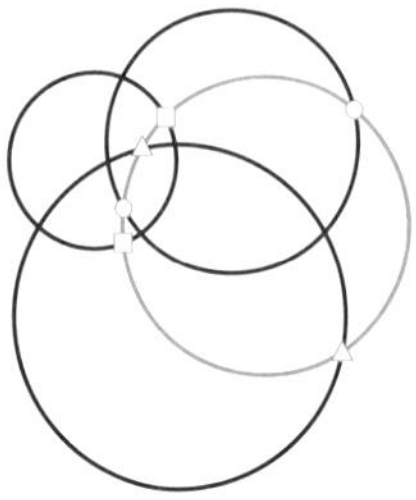

つまり，**増える交点の個数は，すでにかかれてある円の個数の2倍ずつである**ことがわかります。

分けられる部分の個数

円の個数	1	2	3	4	…
分けられる部分の個数	2	4	8	14	…

+2　+4　+6

円が3個のとき，分けられる部分の個数は

$2+(2+4)=8$(個)

円が4個のとき，分けられる部分の個数は

$2+(2+4+6)=14$(個)

よって，円が10個のときは

$2+(2+4+6+8+10+12+14+16+18)$

$=2+2\times(1+2+3+\cdots+9)$

$=$**92(個)**

増え方の理由

例えば，下の図のように3個目の円をかくと，交点は4個増え，3個目の円の円周はこの4個の交点によって4つの弧《こ》に区切られています。それぞれの弧をふくむ部分が弧によって2個ずつに分けられるので，全体では4個増えます。

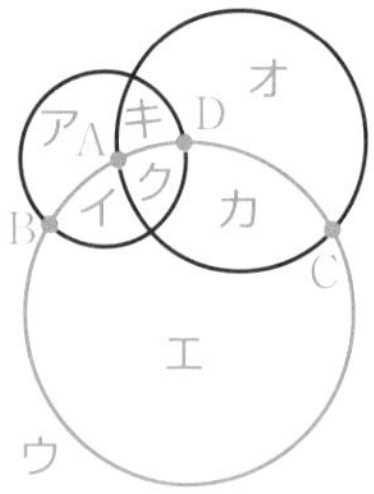

・弧ABで**ア**と**イ**に分割

・弧BCで**ウ**と**エ**に分割

・弧CDで**オ**と**カ**に分割

・弧DAで**キ**と**ク**に分割

以上より，4つの分けられた部分が増えたことになります。

入試問題にチャレンジ

問題 本冊29ページ

1 (1) **4個，6個，7個，8個**

(2) **16個**

(3) **33個**

解き方

1 切り方Ⓐのみで分けられる立体の個数を調べると，下の表のようになります(くわしい説明は本冊《ほんさつ》26ページを参照)。

切る回数	1	2	3	4	5	6
分けられる個数	2	4	7	11	16	22

+2　+3　+4　+5　+6

(1) 分けられる立体の個数は，

(Ⓐで分けられる個数)×(Ⓑで分けられる段数《だんすう》)

で求めることができます。また，Ⓐ，Ⓑの順《じゅん》序《じょ》は関係ありません。

ⒶとⒷの回数の組み合わせで場合分けし，上の表にある「分けられる個数」を利用して調べていきます。

・Ⓐ3回，Ⓑ0回の場合→7個

・Ⓐ2回，Ⓑ1回の場合→$4\times2=8$(個)

・Ⓐ1回，Ⓑ2回の場合→$2\times3=6$(個)

・Ⓐ0回，Ⓑ3回の場合→4個

以上より，3回切ったときに分けられる立体の個数として考えられるものは全部で

4個，6個，7個，8個

(2) 上の表より，**16個**。

(3) (1)と同様にして調べていきます。

・Ⓐ6回，Ⓑ0回の場合→22個

・Ⓐ5回，Ⓑ1回の場合→$16\times2=32$(個)

・Ⓐ4回，Ⓑ2回の場合→$11\times3=33$(個)

・Ⓐ3回，Ⓑ3回の場合→$7\times4=28$(個)

・Ⓐ2回，Ⓑ4回の場合→ $4\times5=20$（個）

・Ⓐ1回，Ⓑ5回の場合→ $2\times6=12$（個）

・Ⓐ0回，Ⓑ6回の場合→ 7個

以上より，最も多い個数は **33個**。

7 うずまき状《じょう》の図形

練習問題 問題▶本冊33ページ

1 (1) **9cm**

(2) **37cm**

(3) **265cm**

解き方

1 (1) 問題の図２より，⑥以降《いこう》の正三角形の１辺は，次のように**「５つ前の正三角形の１辺」と「直前の正三角形の１辺」の長さの和になっている**ことがわかります。

⑥の１辺＝①の１辺＋⑤の１辺

⑦の１辺＝②の１辺＋⑥の１辺

⑧の１辺＝③の１辺＋⑦の１辺

このことをもとにして，正三角形の１辺の長さを表にすると次のようになります。

正三角形の番号	①	②	③	④	⑤	⑥	⑦	⑧	⑨	⑩
1辺の長さ(cm)	1	1	1	2	2	3	4	5	7	9

よって，求める長さは9cmです。

(2) (1)の表の続きを計算していきます。

⑪→ $3+9=12$（cm）

⑫→ $4+12=16$（cm）

⑬→ $5+16=21$（cm）

⑭→ $7+21=28$（cm）

⑮→ $9+28=$ **37（cm）**

(3) 問題の図１，図２のように，⑰の正三角形を置いたときも，できる図形は五角形になります。例えば，**図２**のように，⑧の正三角形まで置いたとき，できる図形の周の長さは，下の図より「⑤〜⑨の１辺の長さの合計」になることがわかります。

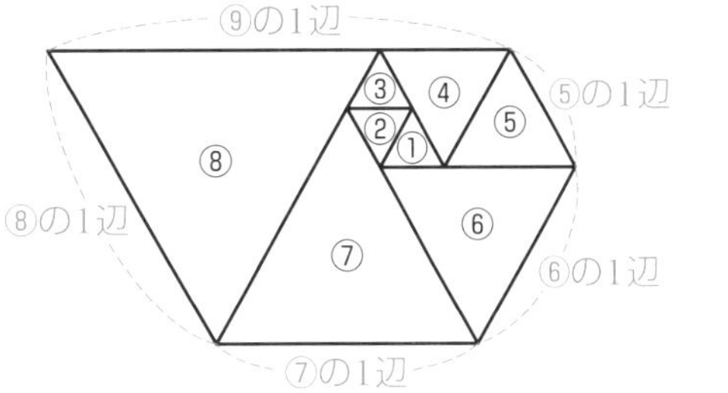

よって，⑰の正三角形までのときは，**⑭〜⑱の１辺の長さの合計**になることがわかります。

ここで，(2)の結果から，⑯，⑰，⑱の１辺をそれぞれ求めると，

⑯→ $12+37=49$（cm）

⑰→ $16+49=65$（cm）

⑱→ $21+65=86$（cm）

したがって，求める長さは

$28+37+49+65+86=$ **265（cm）**

入試問題にチャレンジ 問題▶本冊34ページ

1 (1) **2cm²**

(2) **3.5cm²**

(3) **16cm²**

(4) **1.5cm²**

解き方

1 (1) 図アのように，正方形①の面積の半分が，正方形②の面積の $\frac{1}{4}$ になっています。

図ア

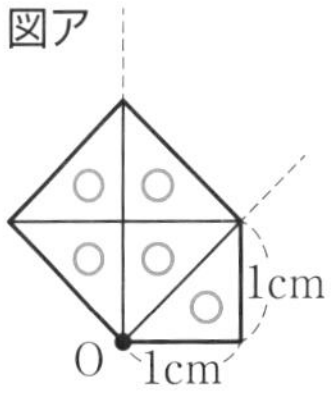

よって，正方形②の面積は，正方形①の面積の２倍になりますから

$1\times1\times2=$ **2（cm²）**

(2) (1)と同様に考えて，正方形③，④，⑤，…と次々に面積を求めると次の表のようになります。

正方形	①	②	③	④	⑤	…
面積(cm^2)	1	2	4	8	16	…

×2　×2　×2　×2

正方形の紙④までを重ねて置いたとき，2枚《まい》の紙が重なっている部分は**図イ**の斜《しゃ》線《せん》部分になります。

図イ

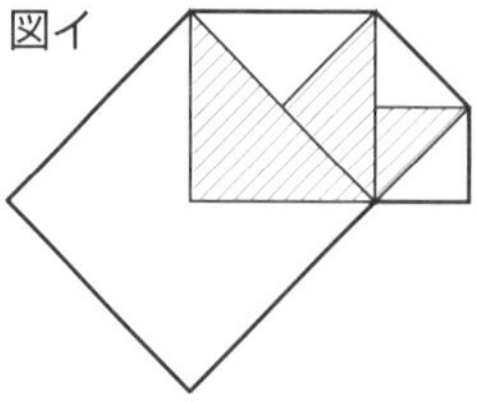

それぞれ正方形の紙①，②，③の面積の半分ずつになりますから，求める面積は

$$(1+2+4)\times\frac{1}{2}=\mathbf{3.5}\ (\mathbf{cm^2})$$

(3) 正方形の紙⑤までを重ねて置いたとき，紙が重なっている部分は，**図ウ**の斜線部分になります。求めるのは白い部分㋐，㋑，㋒，㋓，㋔の面積の合計です。

図ウ

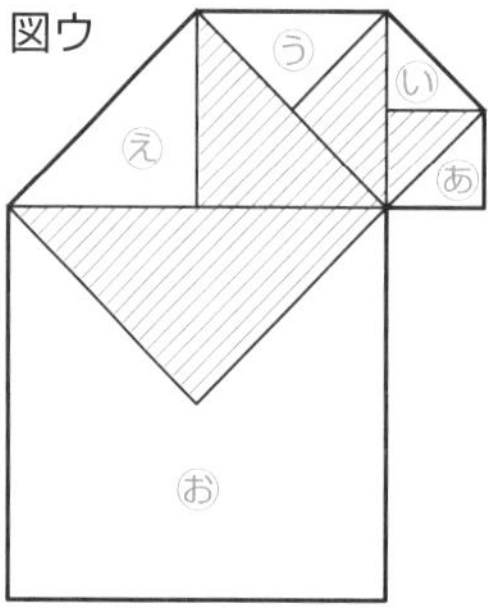

㋐と㋑を合わせると，正方形の紙①と同じだから，その面積は1cm^2です。

㋒，㋓はそれぞれ正方形の紙③，④の面積の$\frac{1}{4}$，㋔は正方形の紙⑤の面積の$\frac{3}{4}$になりますから，求める面積の合計は

$$1+(4+8)\times\frac{1}{4}+16\times\frac{3}{4}=\mathbf{16}\ (\mathbf{cm^2})$$

(4) $360\div45=8$ (回)

より，正方形の紙①から⑧までを重ねると，点Oを中心に315°回転したことになりますから，ここまでは3枚以上重なる部分はありません。**図エ**のように，正方形の紙⑨を置くことによって，㋕の部分は3枚の紙が重なることになります。

図エ

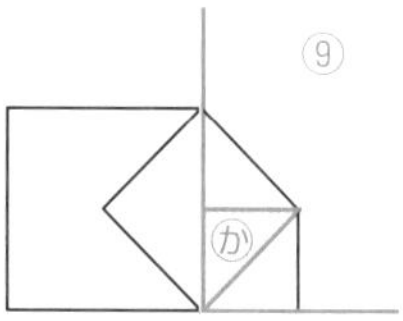

次に，**図オ**のように，正方形の紙⑩を置くことによって，**㋕の部分は4枚**，㋖の部分は3枚の紙が重なることになります。

図オ

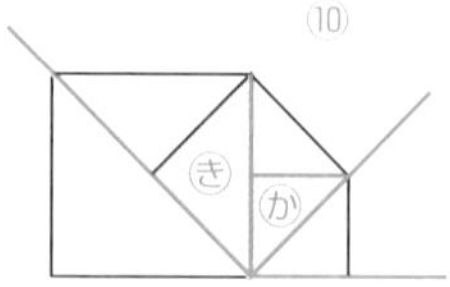

さらに，**図カ**のように，正方形の紙⑪を置くことによって，**㋖の部分は4枚**，㋗の部分は3枚の紙が重なることになります。

図カ

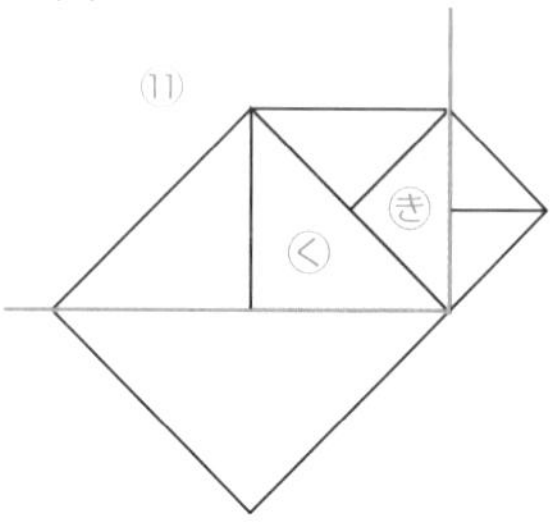

以上より，㋕と㋖の2つの部分が最も多くの枚数の紙が重なっていることがわかりますから，求める面積は

$$(1+2)\times\frac{1}{2}=\mathbf{1.5}\ (\mathbf{cm^2})$$

8 電球の点灯

練習問題

問題 本冊37ページ

1 (1) 表…解説《かいせつ》参照

時間…4秒後から5秒後まで

(2) 209秒間

解き方

1 (1) 下の表のようになります。

0　1　2　3　4　5　6　7　8

青	○	×	○	×	○	×	○	×
黄	○	○	×	×	○	○	×	×
赤	×	○	○	×	○	○	×	○

9　10　11　12　13　14　15(秒)

○	×	○	×	○	×	○
○	○	×	×	○	○	×
○	×	○	○	×	○	○

これから，スイッチを入れたあと，はじめて

電球が3つとも点灯しているのは**4秒後から5秒後まで**とわかります。

(2) 青は(1+1=)2秒間のくり返し，黄は(2+2=)4秒間のくり返し，赤は(1+2=)3秒間のくり返しになっていますから，2と4と3の最小公倍数は12より，**12秒間を1周期**として考えます((1)の表からも，12秒ごとのくり返しになることがわかります)。

1周期の12秒間で，電球が2つだけ点灯している時間を調べると，下の表の色の部分となり，全部で5秒間になります。

	0	1	2	3	4	5	6	7	8
青	○	×	○	×	○	×	○	×	
黄	○	○	×	×	○	○	×	×	
赤	×	○	○	×	○	○	×	○	

	9	10	11	12
	○	×	○	×
	○	○	×	×
	○	×	○	○

8分20秒は500秒ですから

$500 \div 12 = 41$ あまり 8

より，41周期とあまり8秒間です。

あまりの8秒間にも2つだけ点灯しているのが4秒間ありますから，求める時間は

$5 \times 41 + 4 = 209$(秒間)

入試問題にチャレンジ

問題 本冊38ページ

1 (1) A…青　B…青

(2) A…赤　B…青

(3) 57分間

解き方

1 (1) (3+3=)6と(2+2+2+2=)8の最小公倍数は24ですから，**24分間を1周期**として考えます。

赤が点灯しているときを○，青が点灯しているときを×，緑が点灯しているときを△として，2つの電球A, Bのスイッチを入れてからの24分間を調べると，下の表のようになります。

	0	1	2	3	4	5	6	7	8
A	○	○	○	×	×	×	○	○	
B	○	○	×	×	△	△	×	×	

	9	10	11	12	13	14	15	16
	○	×	×	×	○	○	○	×
	○	○	×	×	△	△	×	×

	17	18	19	20	21	22	23	24
	×	×	○	○	○	×	×	×
	○	○	×	×	△	△	×	×

上の表より，11分後の2つの電球の色はAが青，Bも青です。

(2) $103 \div 24 = 4$ あまり 7

より，**103分後の色は7分後の色と同じ**です。

よって，(1)の表より，7分後の2つの電球の色は，Aが赤，Bが青です。

(3) 1周期の24分間でAとBが同じ色である時間を調べると，次の表の色の部分となり，**全部で9分間**であることがわかります。

	0	1	2	3	4	5	6	7	8
A	○	○	○	×	×	×	○	○	
B	○	○	×	×	△	△	×	×	

	9	10	11	12	13	14	15	16
	○	×	×	×	○	○	○	×
	○	○	×	×	△	△	×	×

	17	18	19	20	21	22	23	24
	×	×	○	○	○	×	×	×
	○	○	×	×	△	△	×	×

2時間30分は150分ですから

$150 \div 24 = 6$ あまり 6

より，6周期とあまり6分間です。

あまりの6分間にも同じ色になるのが3分間ありますから，求める時間は

$9 \times 6 + 3 = 57$(分間)

9 分かれて流れる水

練習問題 問題 本冊 42 ページ

1 (1) **12L**
(2) **80L**
(3) **12L**

解き方

1 (1) A から 48L の水を流すと，図 1 のように流れるので，G には **12L** の水が入ります。

図1

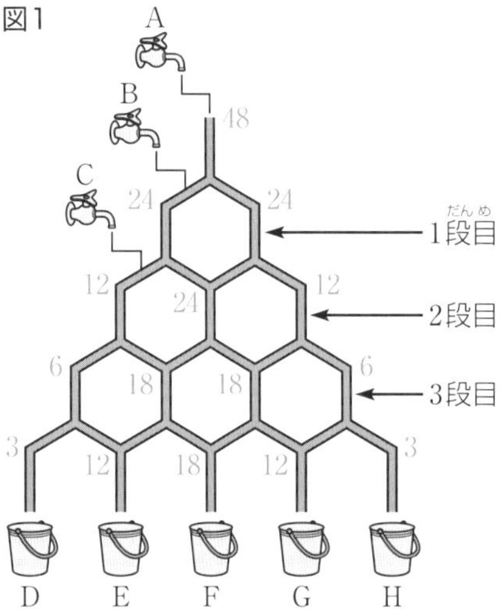

(2) A と B から㊽ずつの水を流したとすると，(1)より，G に入る水のうち A から流した水の量は⑫とわかります。また，B から流した水の量は，A から㊽流したときの 3 段目の右はしの管に流れる水の量と同じなので⑥とわかります。よって，G に入る水の量は(⑫＋⑥＝)⑱と表すことができ，これが 30L ですから，A から流した水の量は

$$30 \times \frac{48}{18} = 80\,(\text{L})$$

(3) **どの量の水が流れてきたかわかるところまでさかのぼっていきます。**

まず，図2 で 3 段目の左はしの管に流れる水の量は

$$9 \times 2 = 18\,(\text{L})$$

左から 2 番目の管に流れる水の量は

$$(26 - 9) \times 2 = 34\,(\text{L})$$

とわかります。

図2

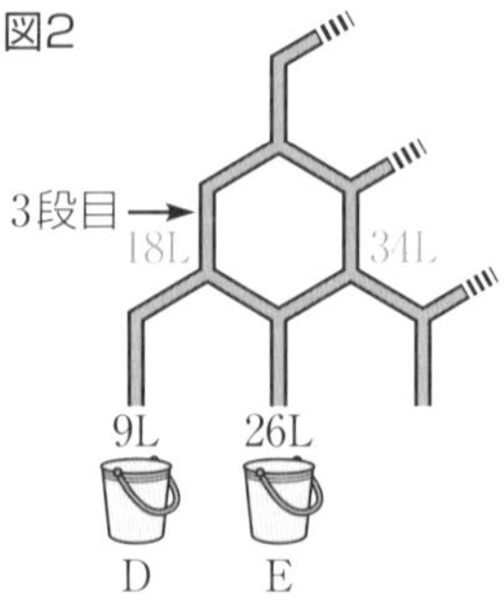

次に，図3 で 2 段目の左はしの管に流れる水の量は

$$18 \times 2 = 36\,(\text{L})$$

2 段目の左から 2 番目の管に流れる水の量は

$$(34 - 18) \times 2 = 32\,(\text{L})$$

とわかります。

図3

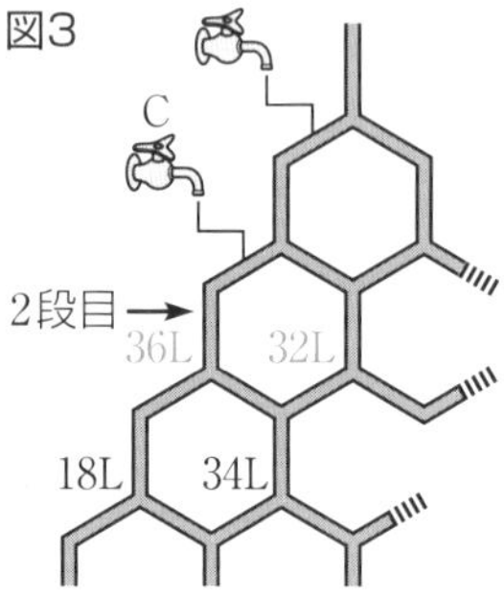

図4 で，A と B から $\boxed{1}$ ずつの水を流したとすると，1 段目の左はしの管に流れる水の量は

$$\boxed{1} \times \frac{1}{2} + \boxed{1} = \boxed{\frac{3}{2}}$$

図4

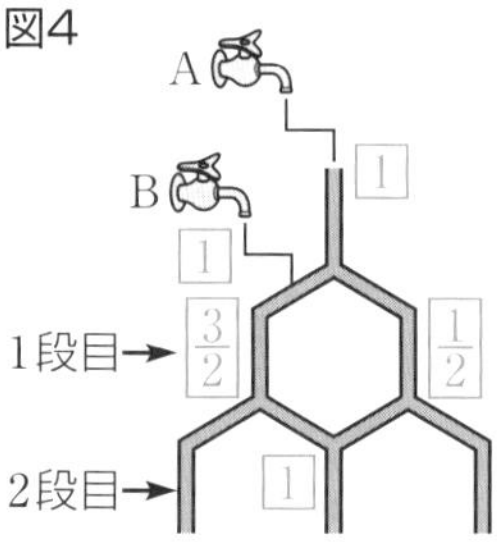

1 段目の右はしの管に流れる水の量は $\boxed{\frac{1}{2}}$ となります。

よって，2 段目の左から 2 番目の管に流れる水の量は

$$\boxed{\frac{3}{2}} \times \frac{1}{2} + \boxed{\frac{1}{2}} \times \frac{1}{2} = \boxed{1}$$

と表すことができますから，

$\boxed{1} = 32$L とわかります。

したがって，2 段目の左はしの管に流れる水の量のうち，A と B から流れてきた水の量は

$$\boxed{\frac{3}{2}} \times \frac{1}{2} = 32 \times \frac{3}{2} \times \frac{1}{2} = 24\,(\text{L})$$

になりますから，Cから流した水の量は

$36-24=\mathbf{12}$（L）

入試問題にチャレンジ

問題 本冊 43 ページ

1 (1) あ…$\frac{1}{16}$　う…$\frac{3}{8}$

(2) $\frac{1}{8}$

(3) **イ，ケ**

解き方

1 (1) 上から水を1L入れると，下の図のように分かれて流れるので，あから出る水の量は$\frac{1}{16}$L，うから出る水の量は$\frac{3}{8}$Lです。

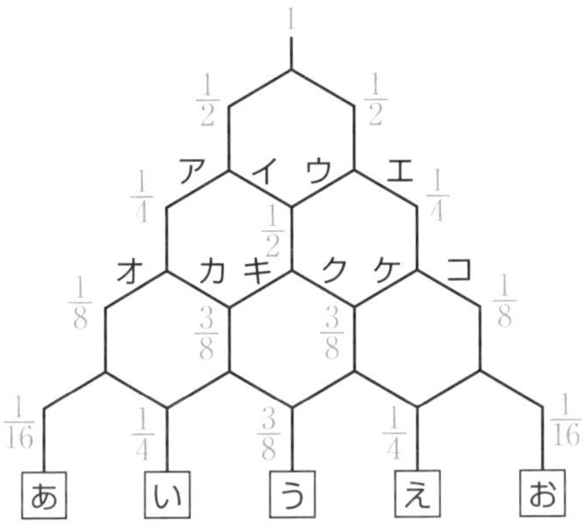

(2) (1)の図で，水道管**ク**からは水が流れてこないから，**ケ**から流れてきた水の半分の$\left(\frac{1}{8}\div 2=\right)$$\frac{1}{16}$Lと，**コ**から流れてきた水の半分の$\frac{1}{16}$Lの水がえに入ります。

よって，求める水の量は

$\frac{1}{16}+\frac{1}{16}=\frac{1}{8}$（L）

(3) あから出る水の量が増《ふ》えているので，**イか力がこわれている**ことがわかります。

おから出る水の量が増えているので，**ウかケがこわれている**ことがわかります。

また，いとえ**から出る水の量がちがうので，こわれている水道管の組み合わせは対称性《たいしょうせい》より，イとウ，力とケになることはありません。**

よって，こわれている組み合わせは，**イとケ**，または**ウと力**になります。

イがこわれているとすると，あといから出る水の量は増え，**ウ**がこわれているとすると，おとえから出る水の量は増えます。えから出る水の量は減っているので，**ウ**がこわれていることはありえません。

したがって，こわれている水道管は**イ**と**ケ**とわかります。

10 規《き》則《そく》性《せい》を利用して数える

練習問題

問題 本冊 47 ページ

1 (1) **AAAAAA, AAAAB, AABAA, AABB, BAAAA, BAAB, BBAA, BBB**

(2) ① **21通り**　② **34通り**

(3) **30通り**

解き方

1 (1) コインを3回投げるときの結果は，次の8通りがあります。

表表表，表表裏《うら》，表裏表，表裏裏，裏表表，裏表裏，裏裏表，裏裏裏

「表」を「AA」，「裏」を「B」におきかえると，下のようになります。

AAAAAA，AAAAB，AABAA，AABB，BAAAA，BAAB，BBAA，BBB

(2) ① 8番目にBがくるということは，それまでに書いた**7文字の並《なら》べ方を考えればよい**ことになります。

1文字の並べ方→Bの1通り。

2文字の並べ方→AA, BBの2通り。

3文字の並べ方→AAB, BAA, BBBの3通り。

4文字の並べ方は，右はしがAAのものを□□AA，右はしがBのものを□□□Bと表すことにして，**3文字までの結果を利用する**ことにします。

・□□ AA の場合，□□に A, B を入れる方法は，**2 文字の並べ方より** 2 通り。

・□□□ B の場合，□□□に A, B を入れる方法は，**3 文字の並べ方より** 3 通り。

よって，2+3=5(通り)

N 文字の並べ方は，「(N−2) 文字を並べたあと，最後に AA の 2 文字を書く場合」と「(N−1) 文字を並べたあと，最後に B の 1 文字を書く場合」の 2 種類がありますから，

N 文字の並べ方の数
=(N−2) 文字の並べ方の数
+(N−1) 文字の並べ方の数

で求められることがわかります。

この規則にしたがって，7 文字まで調べると次の表のようになります。

文字	1	2	3	4	5	6	7
並べ方(通り)	1	2	3	5	8	13	21

よって，8 番目に B がくる文字の並びは，全部で **21 通り**。

② 最後に AA を書くことになりますから，**その直前に並んでいた文字は 6 文字か 7 文字のいずれか**です。

(1)の表より，6 文字，7 文字の並べ方はそれぞれ 13 通り，21 通りですから，8 番目に A がくる文字の並びは，全部で

13+21=**34 (通り)**

(3) (2)②と同様に考えると，最後に書いたのは AA で，**その直前に並んでいた文字は 7 文字か 8 文字のいずれか**です。

さらに，**5 番目にも A がくるような文字の並びで場合分けをして調べる**と，次のようになります。

・□□□ AA □□の場合，左はしの□□□は 3 通り，右はしの□□は 2 通りになりますから

2×3=6(通り)

・□□□□ AA □の場合，左はしの□□□□は 5 通り，右はしの□は 1 通りになりますから

5×1=5(通り)

・□□□ AA □□□の場合，同様に考えて

3×3=9(通り)

・□□□□ AA □□の場合，同様に考えて

5×2=10(通り)

したがって，5 番目と 9 番目に A がくる文字の並びは全部で

6+5+9+10=**30 (通り)**

入試問題にチャレンジ

問題 本冊 48 ページ

1 (1) ○×○，××○，○××，×○×，×××

(2) **89**

(3) **41 通り**

解き方

1 (1) **問題文の誘導《ゆうどう》に乗って考えます。**

2 席の場合の「○×，×○，××」をもとにして，A さんの 4 回目の発言をヒントに考えます。

・□□○のように，右はしに○を追加する場合
→○の左どなりは×しか入らないので□×○の形になります。よって，□に入るのは，○か×の 2 通りです。
この 2 通りを実際《じっさい》に書き出すと，
○×○，××○となります。

・□□×のように，右はしに×を追加する場合
→□□には「○×，×○，××」の 3 通りすべてを入れることができます。
この 3 通りを実際に書き出すと，
○××，×○×，×××となります。

以上より，全部で次の 5 通りです。

○×○，××○，○××，×○×，×××

(2) (1)と同様にして○と×合わせて 4 個《こ》の並べ方を考えます。

・□□□○のように，右はしに○を追加する場合
→○の左どなりは×しか入らないので□□×○の形になります。よって，□□に入るのは，「○×，×○，××」の 3 通りです。

・□□□×のように，右はしに×を追加する場合

→□□□に入るのは(1)で求めた5通りです。

よって，4個の並べ方は全部で

3＋5＝8（通り）

(1)も合わせて，以上のことから，次のような**規則性を見つける**ことができます。

・3個の並べ方の数
＝1個の並べ方の数＋2個の並べ方の数
・4個の並べ方の数
＝2個の並べ方の数＋3個の並べ方の数

⇩

N **個の並べ方の数**
＝(*N*−2)個の並べ方の数
＋(*N*−1)個の並べ方の数

9個まで調べると，次の表のようになります。

個数	1	2	3	4	5	6	7	8	9
並べ方（通り）	2	3	5	8	13	21	34	55	89

よって，(2)に入る数は，**89**

(3) まず，3個の並べ方を考えます。(1)で求めた5通りのうち，「○×○」は条件《じょうけん》に合いませんから，××○，○××，×○×，×××の4通りになります。

次に，**この3個《こ》ずつを組み合わせることによって，6個の並べ方を考えます**。

㋐ □□□××○のように，右はしに××○を追加する場合

→□□□には，3個の並べ方の4通りすべてを入れることができます。

㋑ □□□○××のように，右はしに○××を追加する場合

→□□□には，○××，×××の2通りが入ります。

㋒ □□□×○×のように，右はしに×○×を追加する場合

→□□□には，○××，×○×，×××の3通りが入ります。

㋓ □□□×××のように，右はしに×××を追加する場合

→□□□には，3個の並べ方の4通りすべてを入れることができます。

よって，6席の場合は

4＋2＋3＋4＝13（通り）

になります。

最後に，同じようにして，9個の並べ方を考えます。

・□□□□□□××○のように，右はしに××○を追加する場合

→□□□□□□には，上の㋐，㋑，㋒，㋓のどれを入れてもいいですから

13通り

・□□□□□□○××のように，右はしに○××を追加する場合

→□□□□□□には，上の㋑の2通り，㋓の4通りを入れることができますから

2＋4＝6（通り）

・□□□□□□×○×のように，右はしに×○×を追加する場合

→□□□□□□には，上の㋑の2通り，㋒の3通り，㋓の4通りを入れることができますから

2＋3＋4＝9（通り）

・□□□□□□×××のように，右はしに×××を追加する場合

→□□□□□□には，上の㋐，㋑，㋒，㋓のどれを入れてもいいですから

13通り

したがって，席の使い方は全部で

13＋6＋9＋13＝**41（通り）**

11 タイルのはりつけ方を調べる

練習問題　問題 本冊 51 ページ

1 (1) **7 通り**

(2) **10 通り**

(3) **22 通り**

解き方

1 (1) 次の **7 通り**です。

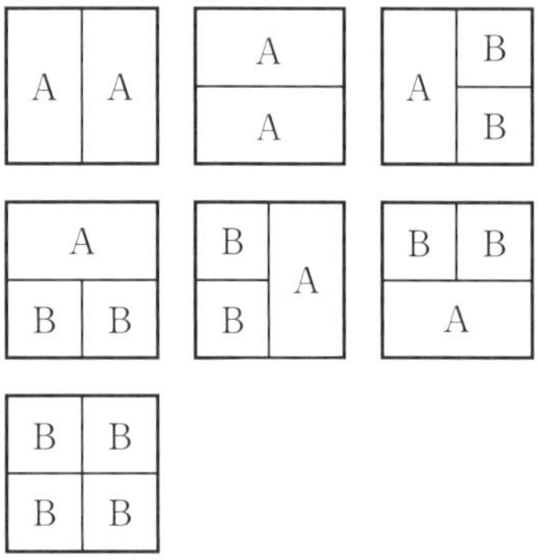

(2) 図５の**右上の部分にタイルをどのように当てはめるかで場合分け**すると，次のように㋐，㋑の２つの場合が考えられます。

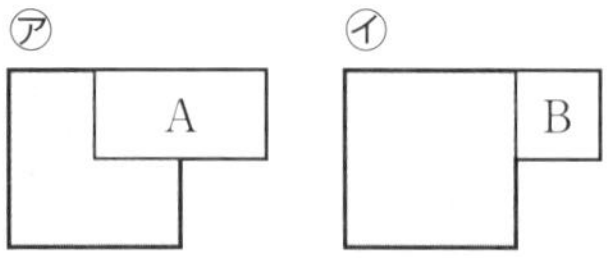

㋐の色の部分の当てはめ方は，問題文で示《しめ》された図３の３通りです。

㋑の色の部分の当てはめ方は，**(1)と同じで** 7 通りです。

よって，当てはめ方は全部で

$3+7=$ **10（通り）**

(3) 図６の**右下の部分にタイルをどのように当てはめるかで場合分け**すると，次のように㋒～㋔の３つの場合が考えられます。

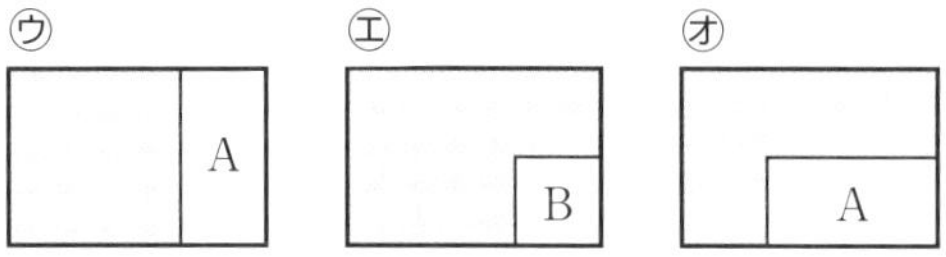

㋒の色の部分の当てはめ方は，**(1)と同じで** 7 通り。㋓の色の部分の当てはめ方は，**(2)と同じで** 10 通りです。

㋔の場合は，**右上の部分にタイルをどのように当てはめるかでさらに場合分け**すると，次の㋕，㋖の２つの場合が考えられます。

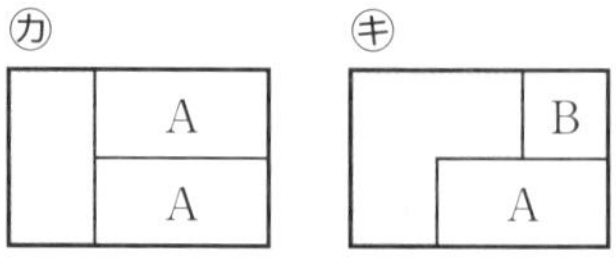

㋕の色の部分の当てはめ方はＡ１枚《まい》またはＢ２枚の２通りです。

㋖の色の部分の当てはめ方は**問題文で示された図３**の３通りです。

よって，$2+3=5$（通り）

以上より，当てはめ方は全部で

$7+10+5=$ **22（通り）**

入試問題にチャレンジ　問題 本冊 52 ページ

1 (1) **6**

(2) **16**

解き方

1 (1) **左はしにどのようにタイルをはりつけるかで場合分け**して考えます。

左はしのはりつけ方は，次の㋐～㋒の３つの場合が考えられます。

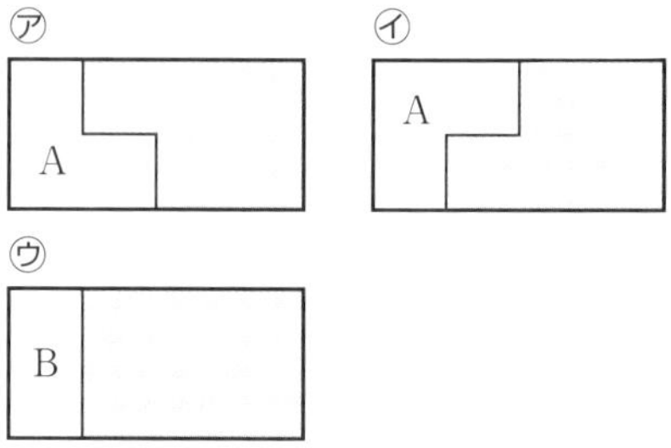

㋐の色の部分のはりつけ方は次の２通りです。

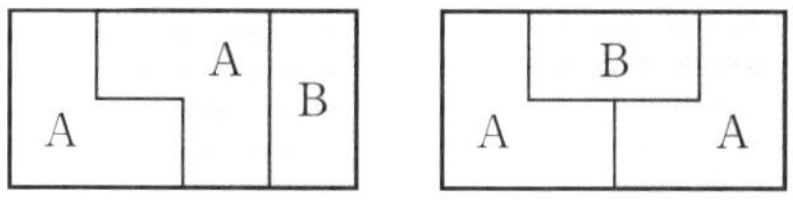

㋑も同じで２通りです。

㋒の色の部分のはりつけ方は次の２通りです。

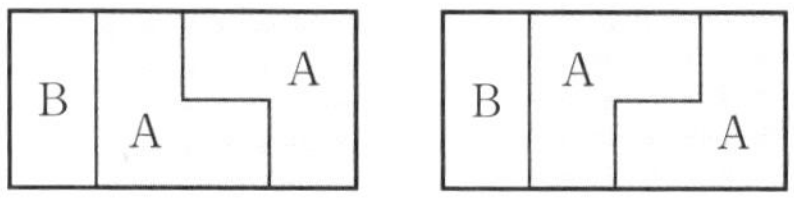

よって，はりつけ方は全部で

$2+2+2=$**6**（通り）

(2)・左はしを(1)の㋐，㋑と同じようにはりつける場合

例えば，㋐の場合で，**タイルAの右上のかどの欠けた正方形の部分のはりつけ方でさらに場合分け**すると，次の㋓，㋔の２つの場合が考えられます。

㋓

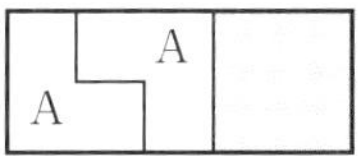

㋔

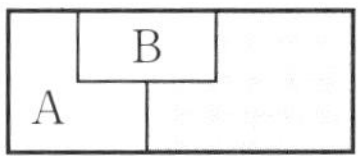

㋓の色の部分のはりつけ方はタイルB２枚《まい》を縦《たて》に並《なら》べるか，横に並べるかの２通りです。

㋔の色の部分のはりつけ方は**(1)の㋑（または㋐）の色の部分のはりつけ方と同じ**ですから，２通りです。

よって，左はしを(1)の㋐と同じようにはりつける場合は，$(2+2=)4$通り。

左はしを(1)の㋑と同じようにはりつける場合も同じで４通りです。

・左はしを(1)の㋒と同じようにはりつける場合

残りの部分のはりつけ方は，**縦20cm，横40cmの長方形のわくの中に２枚のタイルAと１枚のタイルBをはりつける方法と同じですから，(1)の結果より**，６通り。

・左はしをタイルB２枚横に並べてはりつける場合

下の図で色の部分のはりつけ方は，**(1)の㋒の色の部分のはりつけ方と同じ**で２通りです。

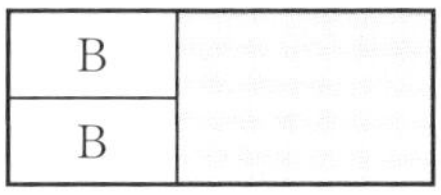

以上より，はりつけ方は全部で

$4+4+6+2=$**16**（通り）

12 色をぬって模様《もよう》を作る

練習問題 問題▶本冊56ページ

1 (1)**5通り**

(2)**8通り**

(3)**24通り**

解き方

1 (1) それぞれの場合について，図をかいて調べます。

・**頂点《ちょうてん》を２つぬる場合**

図１の１通り。

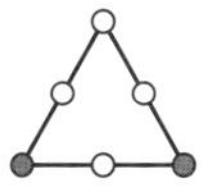

図１

・**頂点を１つ，辺の真ん中を１つぬる場合**

図２の３通り。

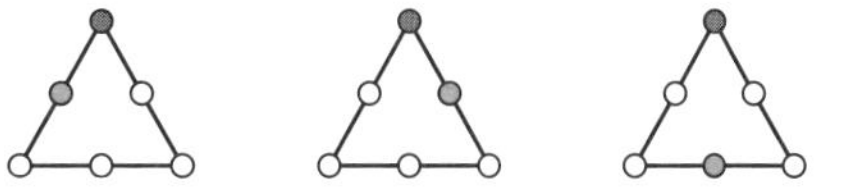

図２

・**辺の真ん中を２つぬる場合**

図３の１通り。

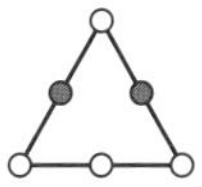

図３

よって，全部で

$1+3+1=5$（通り）

(2)・**頂点を３つぬる場合**

図４の１通り。

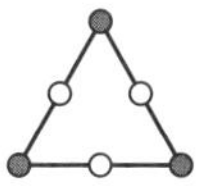

図４

・**頂点を２つ，辺の真ん中を１つぬる場合**

図５の３通り。

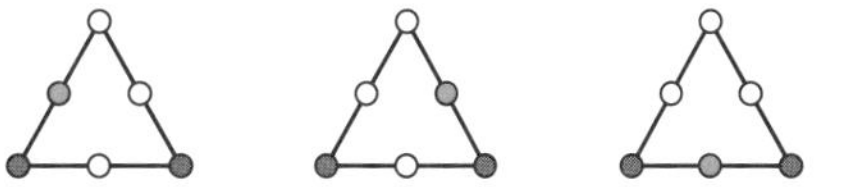

図５

・**頂点を１つ，辺の真ん中を２つぬる場合**

図５のぬった場所とぬっていない場所をすべて逆《ぎゃく》にした場合と同じことですから，３通り。

・**辺の真ん中を３つぬる場合**

図４のぬった場所とぬっていない場所を逆にした場合と同じことですから，１通り。

よって，全部で

$1+3+3+1=8$（通り）

(3)・黒くぬる位置が０か所のとき→１通り。
・１か所のとき→頂点か辺の真ん中のどちらかをぬるので２通り。
・２か所のとき→(1)より５通り。
・３か所のとき→(2)より８通り。
・４か所のとき→**図１〜３のぬった場所とぬっていない場所を逆にした場合と同じ**になります。つまり，２か所を黒くぬった場合と同じで５通り。
・５か所のとき→同様に考えると，**１か所を黒くぬった場合と同じ**で２通り。
・６か所のとき→すべて黒にぬることになるので１通り。
以上より，ぬり方は全部で
$1+2+5+8+5+2+1=24$（通り）

入試問題にチャレンジ

問題 本冊 57 ページ

1 (1) **2 通り**
(2) **4 通り**
(3) **7 通り**
(4) **7 通り**
(5) **28 通り**

解き方

1 (1) 図１，図２の２通りです。

図１

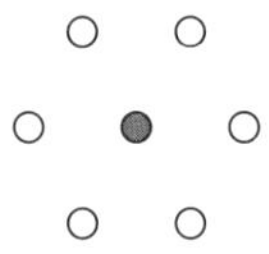

図２

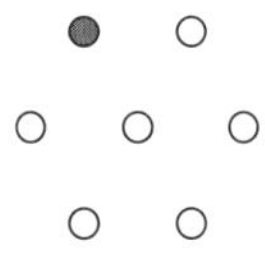

(2)・**真ん中と外側１つの場合**
図３の１通り。

図３

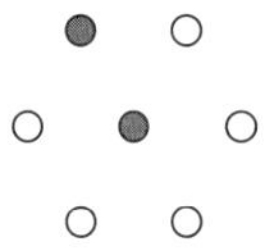

・**外側２つの場合**
図４の３通り。

図４

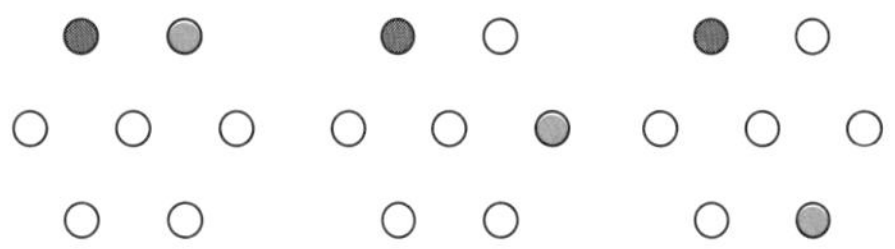

よって，全部で，$1+3=4$（通り）

(3) (2)で調べた結果のうち，図４を利用して考えることができます。
・**真ん中と外側２つの場合**
図４の真ん中をぬるだけなので図５のようになり，３通り。

図５

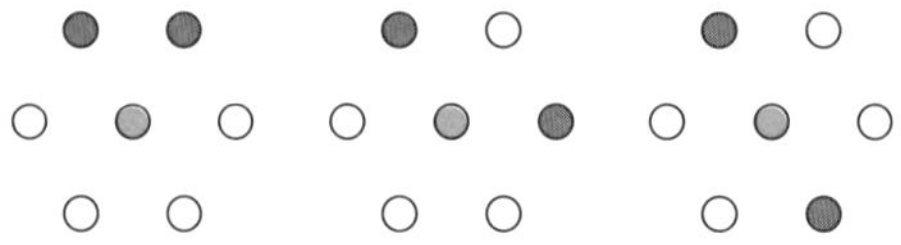

・**外側３つの場合**
図４の外側をもう１つぬる場合を調べて，図６の４通り。

図６

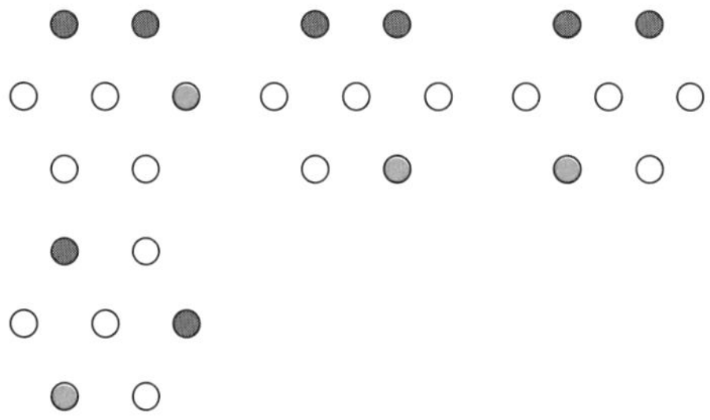

よって，全部で，$3+4=7$（通り）

(4) **(3)でぬった場所とぬっていない場所を入れかえるだけ**なので，(3)の答えと同じで７通り。

(5) (4)と同様に考えると，**5, 6, 7 か所のときはそれぞれ 2, 1, 0 か所のときと同じだけあります**。
(1)〜(3)の結果を利用すると，ぬり方は全部で
$1+2+4+7+7+4+2+1=28$（通り）

13 マスに数を入れる

練習問題

問題 本冊 61 ページ

1 (1) 解説《かいせつ》参照
(2) **42 通り**
(3) **42 通り**

解き方

1 (1) ２が入るマスはすぐに決まります。

次の６通りが考えられます。

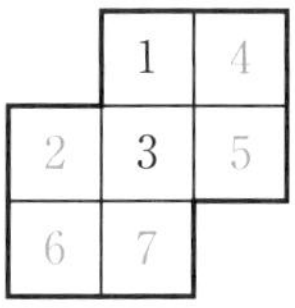

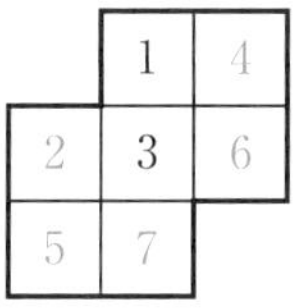

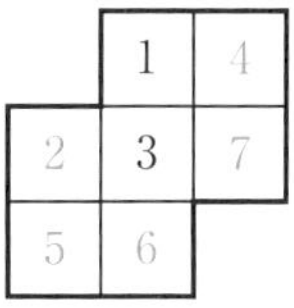

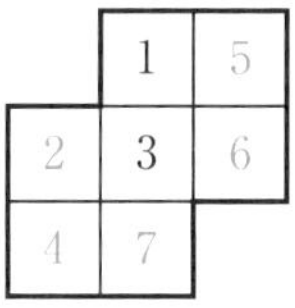

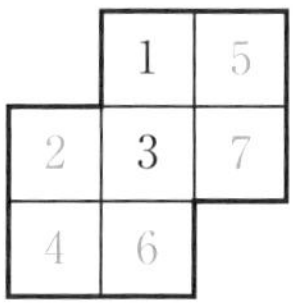

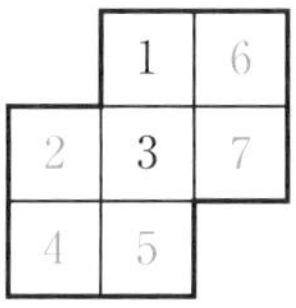

(2)・1の真下のマスに4が入る場合

まず，(1)の６通りで３と４を入れかえた場合が考えられます。次の６通りです。

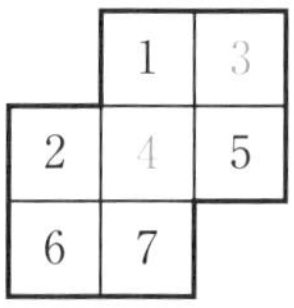

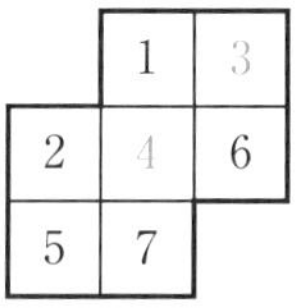

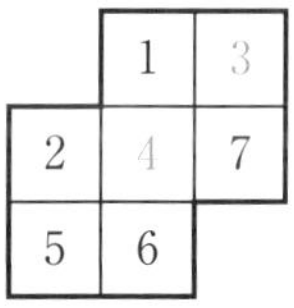

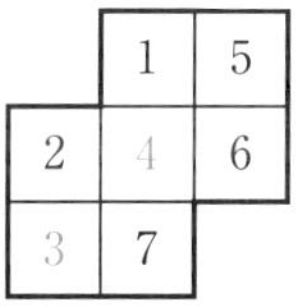

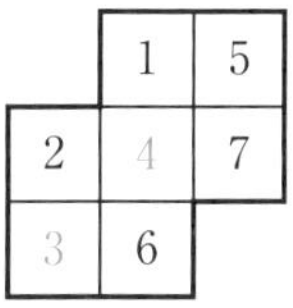

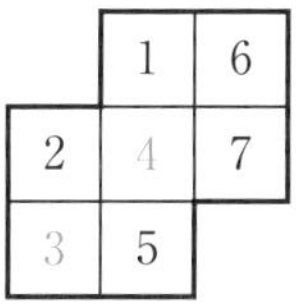

次に，４の左横のマスに３が入る場合を考えると，次の３通りです。

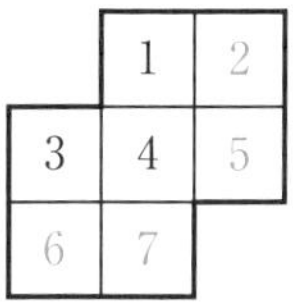

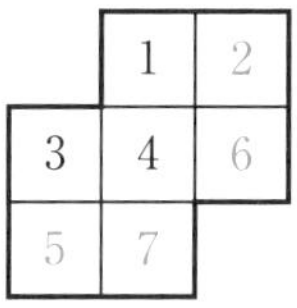

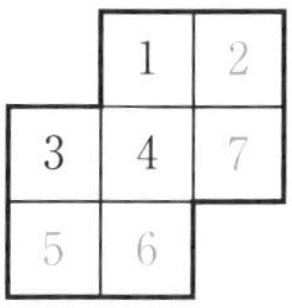

よって，6＋3＝9(通り)

・1の真下に５が入る場合

次の６通りが考えられます。

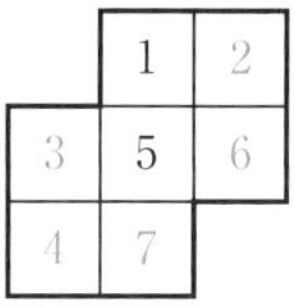

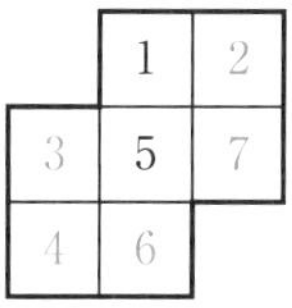

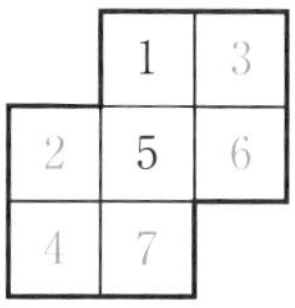

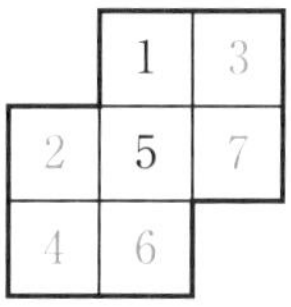

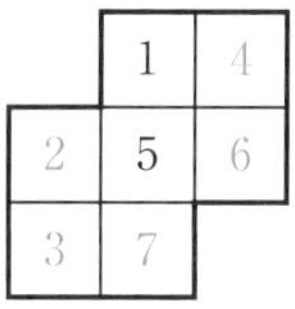

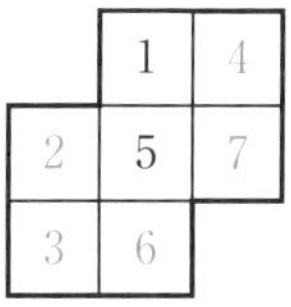

以上より，下の㋐のように１が入る場合は，全部で

6＋9＋6＝21(通り)

あります。また，下の㋑のように１が入る場合も，対称性《たいしょうせい》から21通りとわかります。

㋐

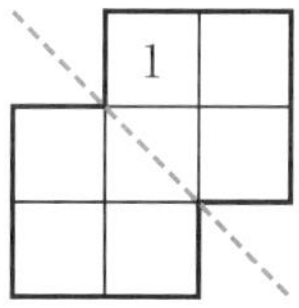

㋑

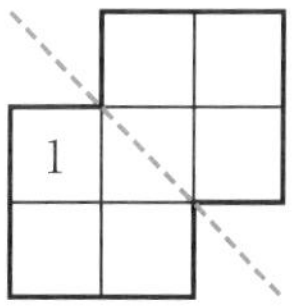

したがって，数の入れ方は全部で

21×2＝**42(通り)**

(3)１と９が入るマスは，右の図のように１通りに決まります。残りのマス目(色の部分)は(1)，(2)で考えたマス目と同じです。つまり，**２から８までの数の入れ方は，(2)で求めた１から７までの数の入れ方と同じ**になり，42通りです。

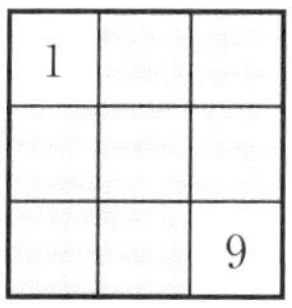

入試問題にチャレンジ

問題 本冊 62 ページ

1 (1) **6 通り**
(2) **16 通り**
(3) **21 通り**

解き方

1 (1) 5 が入るマスは，次の㋐，㋑の 2 つの場合があります。

㋐

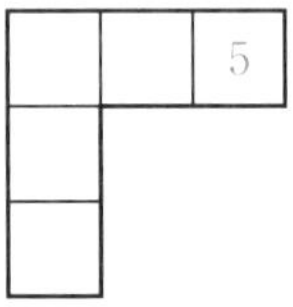

㋑

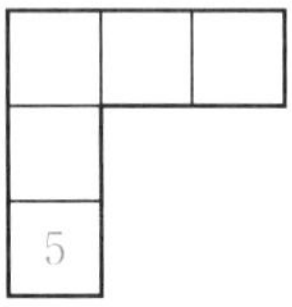

㋐の場合，残りの数の書き方は，次の 3 通りです。

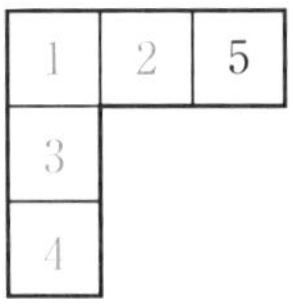

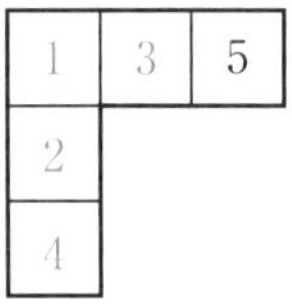

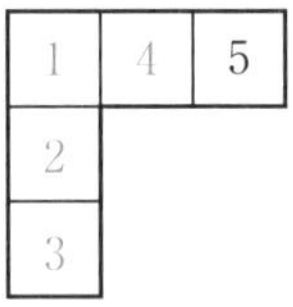

対称性より㋑の場合も 3 通りです。
よって，数の書き方は全部で
3×2＝**6**（通り）

(2) 6 が入るマスは，次の㋒，㋓，㋔の 3 つの場合があります。

㋒

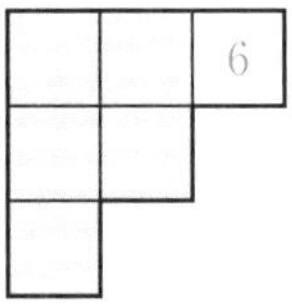

㋓

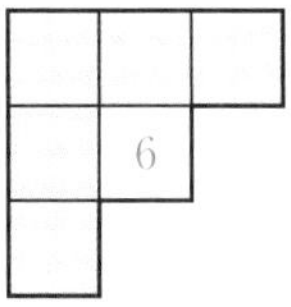

㋔

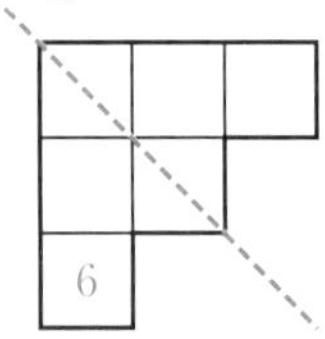

・㋒の場合，**色の部分の数の書き方は，問題文の例と同じ**で 5 通りです。
・㋓の場合，**色の部分の数の書き方は，(1)の結果と同じ**で 6 通りです。
・㋔の場合，**対称性より，㋒の場合と同じ**で 5 通りです。

よって，数の書き方は全部で
5＋6＋5＝**16**（通り）

(3) 7 が入るマスは，次の㋕，㋖の 2 つの場合があります。

㋕

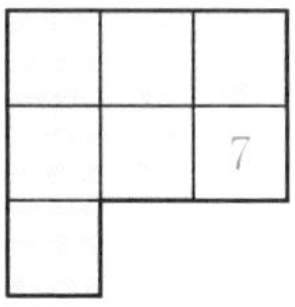

㋖

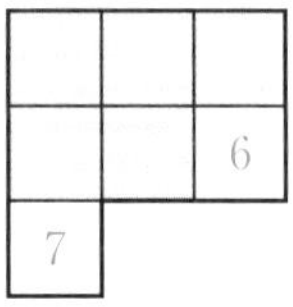

㋕の場合，**色の部分の数の書き方は，(2)の結果と同じ**で 16 通りです。
㋖の場合，図のように 6 が入るマスも決まります。**色の部分の数の書き方は，対称性より問題文の例と同じ**で 5 通りです。
よって，数の書き方は全部で
16＋5＝**21**（通り）

14 すごろく

練習問題

問題 本冊 66 ページ

1 (1) **5 通り**
(2) **12 通り**
(3) **30 通り**

解き方

1 (1)（1 回目の目，2 回目の目）と表すことにすると，2 回目にあがりとなる目の出方は
(1, 6)，(2, 5)，(3, 4)，(5, 2)，(6, 1)
の **5 通り**です。

(2) 1 回目は奇数《きすう》の目なので，1 か 3 か 5 のいずれかになります。
（2 回目の目，3 回目の目）と表すと
・1 回目の目が 1 のとき

(1, 5), (2, 4), (4, 2), (5, 1) の 4 通り。

・1 回目の目が 3 のとき

(2, 2), (3, 1), (5, 1), (6, 2) の 4 通り。

・1 回目の目が 5 のとき

(1, 1), (3, 1), (4, 2), (6, 4) の 4 通り。

したがって，全部で 4＋4＋4＝**12 (通り)**

(3) 1 回目ではあがりにならないので，次の 3 つの場合を考えます。

㋐ 2 回であがりになる ←(1)で問われている

㋑ 1 回目の目が奇数で，3 回であがりになる

↑ (2)で問われている

㋒ 1 回目の目が偶数《ぐうすう》で，3 回であがりになる

㋐の場合は(1)より 5 通り，㋑の場合は(2)より 12 通りとわかっていますから，㋒の場合を調べていきます。

(2 回目の目，3 回目の目) と表すと

・1 回目の目が 2 のとき

(1, 4), (3, 2), (4, 1), (6, 1) の 4 通り。

・1 回目の目が 4 のとき

(1)と同じ状態《じょうたい》で 5 通り。

・1 回目の目が 6 のとき

(2, 1), (3, 2), (5, 4), (6, 5) の 4 通り。

よって，合計は 4＋5＋4＝13 (通り)

したがって，3 回までにあがりになる目の出方は

5＋12＋13＝**30 (通り)**

入試問題にチャレンジ

問題 ▶ 本冊 67 ページ

1 (1) **8 通り**

(2) **32 通り**

(3) **272 通り**

解き方

1 本冊《ほんさつ》 64 ページの **例題** **解き方と答え** (3)の別解《べっかい》と同様にして考えていきます。

(1) [1]，[2]，[3]のそれぞれのマスにおいて，「止まる」か「止まらない」の 2 通りがありますから，

[1] [2] [3]

2×2×2＝**8 (通り)**

(2) [1]，[2]，[3]，[4]，[5]のそれぞれのマスにおいて，「止まる」か「止まらない」の 2 通りがありますから，

[1] [2] [3] [4] [5]

2×2×2×2×2＝**32 (通り)**

(3)・4 のマスに止まって「あがり」となる場合

4 のマスに止まるようなサイコロの目の出方は**(1)より 8 通り**あり，スタートにもどって「あがり」となるようなサイコロの目の出方は**(2)より 32 通り**ありますから，全部で

8×32＝256 (通り)

・4 のマスに止まらないで「あがり」となる場合

[1]，[2]，[3]，[5]のマスは「止まる」か「止まらない」の 2 通り，[4]のマスは「止まらない」の 1 通りなので

[1] [2] [3] [4] [5]

2×2×2×1×2＝16 (通り)

したがって，求めるサイコロの目の出方は

256＋16＝**272 (通り)**

15 書きこみ方式で調べる

練習問題

問題 ▶ 本冊 70 ページ

1 (1) **ア…4**　**イ…2**　**ウ…2**

エ…4　**オ…12**

(2) **8 通り**

(3) **48 通り**

(4) **160 通り**

解き方

1 (1) 2 秒後まで，各点への移動《いどう》の仕方を調べると，下の図のようになります。

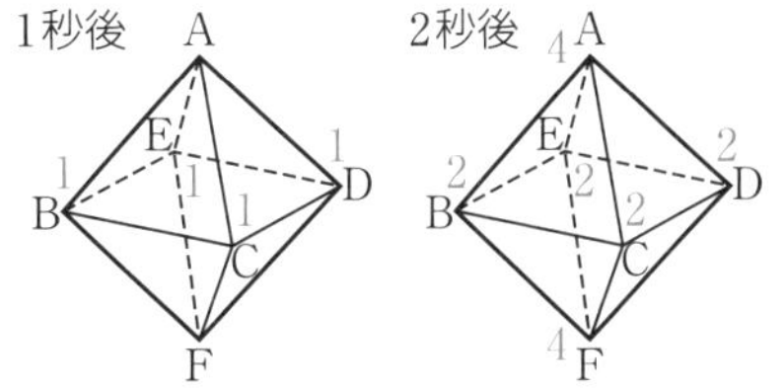

これより，アは 4，イは 2，ウは 2，エは 4，

オは，4＋2＋2＋4＝12

(2) 3 秒後は右の図のようになりますから，P が 3 秒後に点 F にいるような道順は 8 通りです。

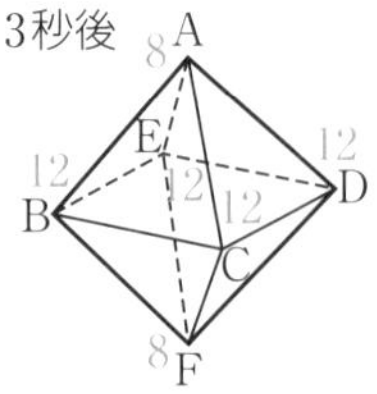

(3) 4 秒後は右の図のようになりますから，P が 4 秒後に点 F にいるような道順は 48 通りです。

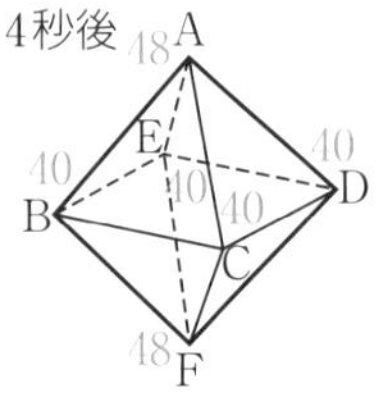

(4) 4 秒後の図で，**4 秒後に P が B，C，D，E にいるような道順はどれも 40 通り**ですから，5 秒後に点 F にいるような道順は

40×4＝160（通り）

入試問題にチャレンジ

問題 本冊 71 ページ

1 (1) **6 通り**

(2) **21 通り**

(3) **60 通り**

(4) **294 通り**

解き方

1 (1) 3 秒後まで，各点への移動の仕方を調べると，下の図のようになります。

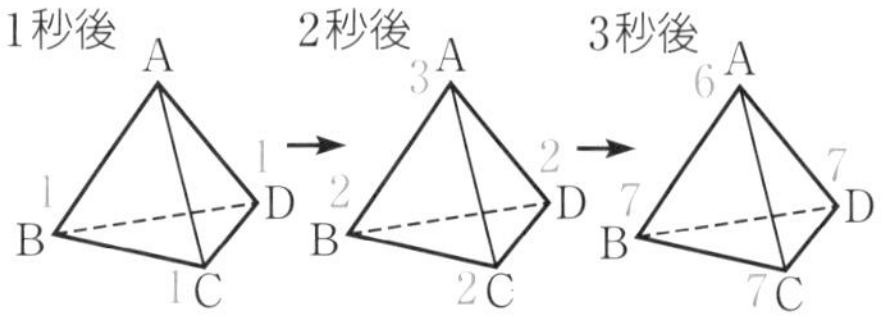

これより，3 秒後に点 P が頂点《ちょうてん》 A にある移動の仕方は，全部で **6 通り**とわかります。

(2) 4 秒後は右の図のようになりますから，4 秒後に点 P が頂点 A にある移動の仕方は **21 通り**です。

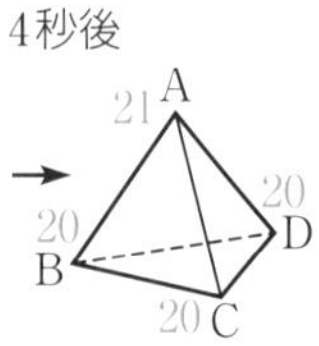

(3) (2)の図で，**4 秒後に点 P が頂点 B，C，D にある移動の仕方はどれも 20 通り**ですから，5 秒後に頂点 A にある移動の仕方は

20×3＝60（通り）

(4) 3 秒ごとに考えると

　3秒　3秒　3秒
A → B → A → A

と移動すればよいことになります。

(1)の図より，点 P が最初の 3 秒で A → B と移動する方法は 7 通りです。

この 7 通りの逆《ぎゃく》をたどることを考えると，次の 3 秒で B → A と移動する方法も 7 通りであることがわかります。 さらに，このあとの 3 秒で A → A と移動する方法は，(1) より 6 通りとわかっていますから，全部で

7×7×6＝294（通り）